Belkacem Fergani

Indexation en locuteurs de documents sonores

AF196515

Belkacem Fergani

Indexation en locuteurs de documents sonores

Application des Séparateurs à Vaste Marge (SVM)

Presses Académiques Francophones

Impressum / Mentions légales
Bibliografische Information der Deutschen Nationalbibliothek: Die Deutsche Nationalbibliothek verzeichnet diese Publikation in der Deutschen Nationalbibliografie; detaillierte bibliografische Daten sind im Internet über http://dnb.d-nb.de abrufbar. Alle in diesem Buch genannten Marken und Produktnamen unterliegen warenzeichen-, marken- oder patentrechtlichem Schutz bzw. sind Warenzeichen oder eingetragene Warenzeichen der jeweiligen Inhaber. Die Wiedergabe von Marken, Produktnamen, Gebrauchsnamen, Handelsnamen, Warenbezeichnungen u.s.w. in diesem Werk berechtigt auch ohne besondere Kennzeichnung nicht zu der Annahme, dass solche Namen im Sinne der Warenzeichen- und Markenschutzgesetzgebung als frei zu betrachten wären und daher von jedermann benutzt werden dürften.

Information bibliographique publiée par la Deutsche Nationalbibliothek: La Deutsche Nationalbibliothek inscrit cette publication à la Deutsche Nationalbibliografie; des données bibliographiques détaillées sont disponibles sur internet à l'adresse http://dnb.d-nb.de.
Toutes marques et noms de produits mentionnés dans ce livre demeurent sous la protection des marques, des marques déposées et des brevets, et sont des marques ou des marques déposées de leurs détenteurs respectifs. L'utilisation des marques, noms de produits, noms communs, noms commerciaux, descriptions de produits, etc, même sans qu'ils soient mentionnés de façon particulière dans ce livre ne signifie en aucune façon que ces noms peuvent être utilisés sans restriction à l'égard de la législation pour la protection des marques et des marques déposées et pourraient donc être utilisés par quiconque.

Coverbild / Photo de couverture: www.ingimage.com

Verlag / Editeur:
Presses Académiques Francophones
ist ein Imprint der / est une marque déposée de
AV Akademikerverlag GmbH & Co. KG
Heinrich-Böcking-Str. 6-8, 66121 Saarbrücken, Deutschland / Allemagne
Email: info@presses-academiques.com

Herstellung: siehe letzte Seite /
Impression: voir la dernière page
ISBN: 978-3-8416-2060-6

Résumé

Avec l'augmentation récente et continue du volume d'archives sonores (radio, TV, Web, ...), il devient désormais indispensable de trouver des méthodes efficaces qui permettent de faciliter la recherche d'informations dans les grandes bases de données. Ainsi, on associe aux fichiers audio numérisés des fichiers textuels (fichiers index), de moindre complexité que le fichier signal original, mais contenant néanmoins un résumé des informations recherchées dans ce signal. 45 minutes de parole, 1 minute de musique, 10 locuteurs (6 hommes et 4 femmes) sont un exemple d'informations pertinentes. Ces fichiers d'index stockés en même temps que le signal original, seront d'un apport considérable lors de l'étape de recherche d'informations, permettant alors un accès direct et immédiat à l'information recherchée. Dans le cas où l'on voudrait savoir qui parle et quand dans un document sonore, la clé d'indexation est alors le locuteur. Un système d'indexation par locuteurs peut servir également comme étape préliminaire à des tâches de transcription ou de suivi de locuteurs et représente souvent un facteur important pour l'amélioration des performances des systèmes de reconnaissance automatique de la parole. Une étape préalable indispensable d'un système d'indexation par locuteurs est la segmentation en locuteurs. Celle-ci consiste à réaliser deux tâches séquentielles : la première étape permet de découper le signal paramétré en intervalles ou segments correspondants à des tours de parole de locuteurs, c'est à dire obtenir des segments les plus longs possibles homogènes en termes de locuteur, puis la deuxième étape consiste à regrouper les segments appartenant à un même locuteur.

Les techniques standards utilisent généralement des descripteurs acoustiques (souvent des MFCC et leurs dérivées) puis appliquent deux fenêtres d'analyse glissantes sur les données de part et d'autre de l'instant courant. Etant donné les vecteurs acoustiques $\mathbf{x}(n)$, $n = 1, 2, \ldots$, la fenêtre d'analyse située avant l'instant d'analyse n définit l'ensemble passé immédiat $X_p(n) = \{\mathbf{x}(n - m_p), \ldots, \mathbf{x}(n - 1)\}$ de m_p vecteurs acoustiques, tandis que l'autre fenêtre contient m_f vecteurs acoustiques représentant l'ensemble futur immédiat $X_f(n) = \{\mathbf{x}(n + 1), \ldots, \mathbf{x}(n + m_f)\}$. L'objectif de ces techniques classiques est de comparer les ensembles $X_p(n)$ et $X_f(n)$ en évaluant une distance (ou une mesure de similarité) entre ces deux ensembles de données. Ceci est réalisé au moyen de méthodes

i

à base de rapport de vraisemblance généralisé (RVG) soit directement [75] ou indirectement comme dans l'approche par critère d'information bayésien (BIC) notée RVG-BIC et adoptée comme référence dans cette thèse [24]. Les méthodes à base de RVG-BIC nécessitent la connaissance d'un modèle de la distribution de probabilité des données $\mathbf{x}(n)$. Les modèles gaussien ou mélange de gaussiennes ont été largement exploités dans ce cadre. Bien que ces méthodes aient souvent donné des résultats satisfaisants, l'adéquation du modèle aux données réelles constitue néanmoins une hypothèse très forte et non généralisable.

Cette thèse montre à travers une synthèse de l'état de l'art que les systèmes d'indexation en locuteurs dépendent fortement des performances de l'étape de segmentation dont l'élement déterminant est la mesure de similarité adoptée. La définition de cette mesure dépend notamment de l'espace de représentation des données et de la méthode de classification (décision) adoptée.

Dans ce cadre, nous adoptons le formalisme des Méthodes à Vecteurs de Support (SVM), comme outil de décision discriminant. Son avantage principal est de contrôler la complexité du modèle ajusté aux données et de prendre en compte l'information paramétrée selon diverses configurations et tailles des vecteurs acoustiques. Notre approche exploite un algorithme à base de **M**éthodes à **V**ecteurs de **S**upport mono-classe (SVM-1) dont la finalité est de comparer les ensembles $X_p(n)$ et $X_f(n)$ à chaque instant d'analyse au moyen d'une nouvelle mesure de similarité [33, 34, 39, 32]. Nous exploitons les informations extraites de l'entraînement du classifieur (SVM-1) sur les ensembles $X_p(n)$ et $X_f(n)$, pour définir une distance dans l'espace des caractéristiques. Son caractère géométrique facilite son calcul et son interprératation.

Cette mesure est mise en oeuvre dans le cadre d'algorithmes pour la détection de ruptures puis le regroupement de segments correspondant à l'intervention des différents locuteurs. Nous montrons à travers de nombreuses expériences, la pertinence de cette méthode et son comportement comparés par rapport à la méthode classique à base du RVG-BIC. Nous montrons aussi que l'optimisation des descripteurs acoustiques améliore significativement les performances de la méthode. La validation expérimentale utilise des signaux d'enregistrements de dicours multi-locuteurs issus des compagnes d'évaluation NIST RT'03 et ETSER 2004. Les résultats obtenus démontrent que notre méthode constitue une alternative intéressante aux méthodes standards.

Abstract

With recent and continued increases in the number of available sound archives (radio, TV, Web,...), effective methods must be established to facilitate the process of searching for information within massive databases. Of less complexity than the original sound file but nevertheless containing a summary of important information pertaining to the signal, text files (index files) are linked to the digital sound files.

An example of relevant information found in the text file is as follows : 45 minutes of speech, 1 minute of music, 10 speakers (6 men and 4 women). These index files, stored with the original signal, will contribute considerably to the information retrieval process, allowing an immediate and direct access to the information sought.

If one would like to know who speaks and when in a sound file, the index key is hence the speaker. A preliminary stage of a speaker indexing system is speaker diarization. State-of-the-art speaker diarization techniques require two main steps : speaker turn detection which consists of detecting speaker turn times, that is boundaries of audio file segments where only one speaker is present, followed by a clustering step which consists of labelling the previous segments in terms of speakers. These two stages require a metric to be defined in order to compare and groups speech segments.

State-of-the-art speaker indexing techniques have two main steps :

1. *Speaker turn detection* : this step consists of detecting speaker change times, that is, the boundaries of time segments where only one speaker is present. Given the time series of acoustic features $\mathbf{x}(n)$, $n = 1, 2, \ldots$, most techniques apply two sliding windows on both sides of the current analysis time n. The analysis window located before n defines the *immediate past set* $\mathsf{X}_\mathrm{p}(n) = \{\mathbf{x}(n - m_\mathrm{p}), \ldots, \mathbf{x}(n-1)\}$ of m_p acoustic features, whereas the other window contains m_f features vectors, forming the *immediate future set* $\mathsf{X}_\mathrm{f}(n) = \{\mathbf{x}(n + 1), \ldots, \mathbf{x}(n + m_\mathrm{f})\}$. In standard systems, speaker change detection comes down to comparing the vectors in $\mathsf{X}_\mathrm{p}(n)$ and $\mathsf{X}_\mathrm{f}(n)$. This is performed using the Generalized Likelihood Ratio (GLR) test,

either directly [55] or indirectly such as in the BIC approach [24]. GLR-based tests require a probabilistic data model to be given such as a single Gaussian or a mixture of several Gaussians, known as the *Gaussian Mixture Model* (GMM) which has been widely applied to speaker identification, detection and recognition with good performance [28].

2. *Speaker clustering* : this step consists of labeling the segments in terms of the speaker. In previous works, this is performed by learning and maintaining a set of speaker models (integrated approach [65, 64]) or step-by-step, by applying a clustering technique [24], or by a fusion of both techniques [75, 69].

This work presents a novel approach for the speaker diarization of audio recordings. The proposed approach uses a metric based on one-class Support Vector Machines (SVM-1), for the speaker change detection and clustering tasks. Through many experiments using databases of broadcast recordings, we demonstrate the relevance and superiority of this approach compared to the traditional method based on the generalized likelihood ratio using bayesian information criterion (RVG-BIC).

Table des matières

Liste des tableaux

Table des figures

Chapitre 1

Introduction

1.1 Position du problème

Il est aujourd'hui bien établi que l'utilisation des ordinateurs ne se limite pas à accélérer les calculs ou à en effectuer des plus complexes, mais bien au delà. Les ordinateurs, de performances et de capacités toujours plus grandes, arrivent à programmer et suivre le lancement de satellites, à classer des données de plus en plus volumineux, à reconnaître des sons, des visages, et même à produire des actions en fonction de l'évolution de leurs environnement. En fait, on en arrive à "imiter" des actions réservées il y a quelques décennies aux seuls humains.

Cette évolution, est dûe à la prise de conscience, très tôt, de la communaute scientifique concernée, que cet formidable outil, de par sa constitution logicielle notamment, ressemble par certains aspects à l'être humain et par conséquent, doit pouvoir servir à bien d'autres tâches que calculer et dessiner. Partant de ce constat, la constitution logicielle de l'ordinateur a immédiatement été "l'âme" de ces machines et a ainsi guidé toute autre évolution matérielle ultérieure. Cependant, si on voulait que l'ordinateur puisse un jour, remplacer ou supplier à l'être humain, il fallait qu'il acquièse une de ses facultés les plus précieuses, à savoir la faculté de communiquer et d'intéragir avec le monde extérieur. Le moyen le plus naturelle de communication pour l'être humain c'est la parole.

Pour l'être humain, reconnaître une voix familière, en comprendre le sens et l'attribuer à un locuteur particulier semble être une tâche aisée et acquise à tous. L'objet du traitement automatique de la parole est la transposition de ces facultés à l'ordinateur.

Dans le cadre de cette thèse on s'interesse plus particlièrement à l'indexation de signaux sonores issus de discours multi-locuteurs. Cette application relativement récente du traitement automatique de la parole est motivée par la multiplication de sources de données multimédia et le développement des techniques de numérisation de l'information, ce qui aboutit à un foisement de bases de données d'archivage. De ce fait se pose un problème crucial : Comment accéder facilement et rapidement à l'information recherchée ? Ces deux critères (rapidité et facilité d'accès) sont indispensables pour toute requête d'utilisateur.

Il devient désormais indispensable de trouver des méthodes efficaces qui permettent de faciliter la recherche d'informations dans les grandes bases de données. Ainsi, on associe aux fichiers audio numérisés des fichiers textuels (fichiers index), de moindre complexité que le fichier signal original, mais contenant néanmoins un résumé des informations recherchées dans ce signal : 45 minutes de parole, 1 minute de musique, 10 locuteurs (6 hommes et 4 femmes) sont un exemple d'informations pertinentes. Ces fichiers d'index stockés en même temps que le signal original, seront d'un apport considérable lors de l'étape de recherche d'informations, permettent alors un accès direct et immédiat à l'information recherchée. Dans le cas où l'on voudrait savoir qui parle et quand dans un document sonore, la clé d'indexation est alors le locuteur.

L'indexation en locuteur d'un signal sonore consiste à «structurer» ce signal selon l'information véhiculée par le locuteur. Dans ce contexte, la segmentation en locuteur constitue une étape préalable et déterminante pour la suite du processus d'indexation. Elle consiste d'abord à découper le signal audio en zones homogènes contenant uniquement les informations relatives à un seul locuteur. Cette étape est suivie du regroupement (clustering) de ces segments afin d'assembler les zones appartenant à un seul locuteur.

Les techniques standards utilisent généralement des descripteurs acoustiques (souvent des MFCC et leurs dérivées) puis appliquent deux fenêtres d'analyse glissantes sur les données de part et d'autre de l'instant courant. Etant donné les vecteurs acoustiques $\mathbf{x}(n)$, $n = 1, 2, \ldots$, la fenêtre d'analyse située avant l'instant d'analyse n définit l'ensemble passé immédiat $X_p(n) = \{\mathbf{x}(n - m_p), \ldots, \mathbf{x}(n-1)\}$ de m_p vecteurs acoustiques, tandis que l'autre fenêtre contient m_f vecteurs acoustiques représentant l'ensemble futur immédiat $X_f(n) = \{\mathbf{x}(n+1), \ldots, \mathbf{x}(n + m_f)\}$. L'objectif de ces techniques classiques est de comparer les ensembles $X_p(n)$ et $X_f(n)$ en évaluant une distance (ou une mesure de similarité) entre ces deux ensembles de données. Ceci est réalisé au moyen de méthodes à base de rapport de vraisemblance généralisé (RVG) soit directement [75] ou indirectement comme dans l'approche par critère d'information bayésien (BIC) notée RVG-BIC et adoptée comme référence dans cette thèse [24]. Les méthodes à base de RVG-BIC

2

nécessitent la connaissance d'un modèle de la distribution de probabilité des données $\mathbf{x}(n)$. Les modèles gaussien ou mélange de gaussiennes ont été largement exploités dans ce cadre. Bien que ces méthodes aient souvent donné des résultats satisfaisants, l'adéquation du modèle aux données réelles constitue néanmoins une hypothèse très forte et non généralisable. D'autre part, les méthodes inspirées du RVG-BIC souffrent d'un grand taux de fausse alarme pour de courtes interventions ($\leq$ 2-5 secondes) et sont aussi gourmandes en temps de calcul [104].

1.2   Objectifs de cette thèse

L'objectif premier de cette thèse est de proposer une approche originale au problème de l'indexation en locuteurs de signaux multilocuteurs. Nous montrons qu'un changement d'espace de représentation des données permet de définir une mesure de similarité qui permet de s'affranchir de l'hypothèse de modélisation des données et représente ainsi une alternative aux méthodes de décision classiquement utilisés dans ce cadre, basés sur le rapport de vraisemblance généralisé. Nous cherchons aussi, à montrer l'influence de diverses paramétrisations acoustiques sur les performances de cette nouvelle méthode. Les expériences menés sur deux bases de données reconnues par la communauté internationale dans ce domaine permettent de valider cette approche.

1.3   Organisation du manuscrit

La suite de ce document est structurée de la façon suivante : Dans le chapitre suivant, nous exposons un état de l'art des méthodes d'indexation en locuteurs et en particulier des méthodes de segmentation en locuteurs. Le chapitre 3 exposera les outils de paramétrisation acoustiques caractéristiques du locuteur. Nous détaillerons en particulier les composantes TFPC (Time-Frequency Principal Component Analysis).

Le chapitre 4 permet d'introduire succintement le lecteur à la théorie des Méthodes à Vecteurs de Support (SVM) en général et aux méthodes SVM mono classe (SVM-1) en particulier. Ceci est rendu nécessaire afin de comprendre la suite de notre travail.

Le chapitre 5 traite de notre approche originale, qui consiste en la proposition d'une nouvelle méthode basée sur les SVM-1 pour la segmentation en locuteur. Nous exploitons les informations extraites de l'entraînement du classifieur (SVM-1) sur les ensembles $\mathsf{X_p}(n)$ et $\mathsf{X_f}(n)$, pour définir une distance dans l'espace des caractéristiques.

Son caractère géométrique facilite son calcul et son interpréeratation. L'avantage de cette approche est de contrôler la complexité du modèle ajusté aux données et de prendre en compte l'information paramétrée selon diverses configurations et tailles des vecteurs acoustiques [34, 35, 39, 32].

Afin de valider notre approche, nous avons mené diverses expériences sur des bases de données de discours multi-locuteurs. La section 6 est particulèrement privilegiée puisqu'elle présente les résultats d'application de notre méthode aux signaux réels issus des bases de données radiophoniques en comparaison avec la méthode RVG-BIC. Nous y détaillons le choix des paramètres de détection de ruptures et de regroupement. Finalement la dernière section 7 présente les conclusions et perspectives.

4

Chapitre 2

Indexation en locuteurs : Etat de l'art

2.1 Introduction

Reconnaître une personne à partir de sa voix demeure un challenge qui passionne chercheurs et industriels à l'heure actuelle. C'est l'une des caractéristiques biométriques que l'on cherche à mettre en oeuvre afin de l'intégrer avec les systèmes qui incluent les autres indices biométriques comme l'empreinte digitale, l'iris ou le visage. Cette reconnaissance sonore du locuteur demeure encore à l'étape d'expérimentation et de recherches académiques. Ceci est du essentiellement au fait que le signal de parole, vecteur des caractéristiques sonores du locuteur est extrêmement variable et complexe.

La reconnaissance automatique du locuteur traite globalement de la vérification du locuteur et de l'identification du locuteur par une machine (un calculateur) d'une façon indépendante ou dépendante du texte prononcé. La vérification du locuteur permet de vérifier l'identité d'une personne et de le distinguer d'un imposteur, ceci suppose donc qu'un modèle préalable d'un locuteur cible soit déjà stocké dans la machine. L'identification du locuteur permet d'identifier une personne parmi un ensemble de personnes (limité ou pas). On parle alors d'identification du locuteur en boucle fermé (ensemble limité) ou en boucle ouverte (ensemble illimité). Dans le cas des systèmes dépendants du texte, la phrase ou les mots prononcés par le locuteur sont connus du système, alors que dans le cas de systèmes indépendants du texte, la phrase ou les mots prononcés sont inconnus de la machine.

L'indexation en locuteurs, est dans le cas général un problème d'identification du locuteurs en boucle ouverte en mode indépendant du texte. C'est le processus qui permet de structurer la bande audio selon l'information véhiculée par le locuteur en réalisant le

5

partitionnement de cette bande sonore en zones (ou segments) homogènes ne contenant qu'un seul locuteur. Ce processus regroupe deux tâches indispensables pouvant être séquentielles ou intégrées : la détection de ruptures et le regroupement des segments homogènes. Nous reviendrons plus en détail sur ces deux tâches dans la suite de ce chapitre.

L'indexation en locuteurs est également un des aspects d'un cadre plus général appelé indexation audio. Il s'agit donc de la structuration de la bande audio d'un fichier multimédia selon divers type de source sonore (musique, bruit de fond, parole, ...)-voir figure.

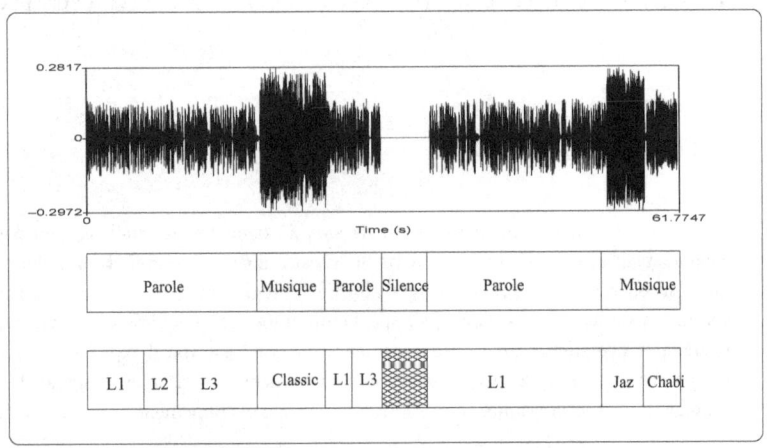

FIG. 2.1 – Exemple de structuration d'une bande audio

Ainsi, on associe aux fichiers audio numérisés des fichiers textuels (fichiers index), de moindre complexité que le fichier signal original, mais contenant néanmoins un résumé des informations recherchées dans ce fichier (45minutes de parole, 1minute de musique, 10 locuteurs (6 hommes et 4 femmes),... sont un exemple d'informations pertinentes). Ces fichiers d'index stockés en même temps que le signal original, seront d'un apport considérable lors de l'étape de recherche d'informations, permettant alors un accès direct et immédiat à l'information recherchée.

2.2 Architecture standard d'un système d'indexation en locuteurs

Le choix d'une clé d'indexation (parole /Musique/ Locuteur, ...) dépend de l'application ayant motivé l'opération d'indexation (reconnaissance du locuteur, reconnaissance de la parole, transcription automatique parole-texte, ...). Par conséquent, le processus d'indexation sonore constitue souvent une étape préalable à d'autres applications dont elle conditionne les performances.

Dans cette thèse on s'intéresse à la clé d'indexation relative au locuteur. Étant donné une bande audio, il s'agit de savoir qui parle et quand. Il est démontré dans de nombreux travaux, que l'indexation en locuteurs améliore les performances de la transcription automatique de la parole et de la reconnaissance automatique de la parole en permettant le partitionnement du fichier sonore en tours de parole et en réalisant l'adaptation modèle/locuteur [5].

L'indexation en locuteur est un processus, généralement off-line (en temps différé) réalisant les opérations suivantes :

- La détection de ruptures : Cette première étape permet de découper la bande sonore en segments de parole homogènes par rapport au locuteur, c'est à dire ne contenant que la parole d'un seul locuteur. Ces segments doivent être aussi longs que possible.

- Le regroupement en locuteurs : Il s'agit de regrouper les segments appartenant à un même locuteur issus de l'étape précédente. L'objectif poursuivi étant d'avoir suffisamment de données d'un même locuteur pour la construction de modèles mieux élaborés.

- La modélisation des locuteurs à partir des groupes de segments de l'étape précédente. L'étape de regroupement ayant permis de collectersuffisammentt de donnéescaractéristiquess de chaque locuteur.

- La reconnaissance de locuteurs : cette étape finale permet de reconnaître la séquence de locuteurs engagés dans la conversation. A ce stade, il s'agit de mettre "un visage" sur les interventions anonymes obtenues lors des étapes 1 et 2.

Il convient de noter que les étapes 1 et 2 sont souvent désignés globalement dans la littérature par le vocable "segmentation en locuteurs", alors que habituellement ce terme désigne uniquement la première étape, c'est à dire la détection de ruptures.

Dans la suite de cette thèse, on ne s'intéresse qu'aux deux premières étapes, que nous désignerons par le terme générique "segmentation en locuteurs".

2.3 Hypothèses et conditions générales

La tâche d'indexation en locuteurs de documents sonores est réalisée en général en aveugle dans des conditions réelles Ceci induit les hypothèses de travail suivantes :

- *Aucun échantillon de voix des locuteurs n'est disponible.* Ainsi le système, en cours de développement, ignore préalablement l'identité des locuteurs.
- *Aucune connaissance sur la langue utilisée.* Les fichiers sonores sont susceptibles de contenir des locuteurs s'exprimant en différentes langues (anglais, français, arabe, ...). Ce qui est généralement le cas dans les enregistrements de journaux télévisés.
- *Le nombre de locuteurs est inconnue.* Ce nombre doit être déterminé par le système d'indexation.
- *Aucune indexation d'autres caractéristique n'est disponible.* La transcription n'est pas disponible. Dans le cadre de cette thèse, nous avons choisi de travailler sans autre indexation préalable en parole/ musique/bruit ni une autre séparation en genres masculinfémininn ni autre caractéristique acoustique.
- *Pas de contrôle sur l'environnement d'enregistrement.* Ceux-ci sont réalisés en conditions réelles.
- *Les types d'enregistrements sont connues.* Les informations sur les sources d'enregistrements sont fournies. En général, ce sont des enregistrements de journaux télévises ou des conversations téléphoniques. De plus la fréquence d'échantillonnage des enregistrements est en accord avec le canal utilisé.
- *Les documents contiennent de larges segments de parole.*
- Les paroles de locuteurs ne se chevauchent pas. Cette hypothèse est réaliste pour la nature des documents considérés (enregistrements radiodiffusés et télévisuels).

2.4 La segmentation en locuteurs : Principe général

La segmentation en locuteurs d'un document sonore consiste à décrire le flux audio selon une structure définissant le nombre de locuteurs et l'intervention de chaque locuteur le long de la bande sonore. A l'issue de cette segmentation on obtient des segments de parole non encore étiquetés, à savoir que les locuteurs sont anonymes.

Ce processus regroupe trois phases distinctes : la paramétrisation acoustique, la détection de ruptures et le regroupement (ou classification).

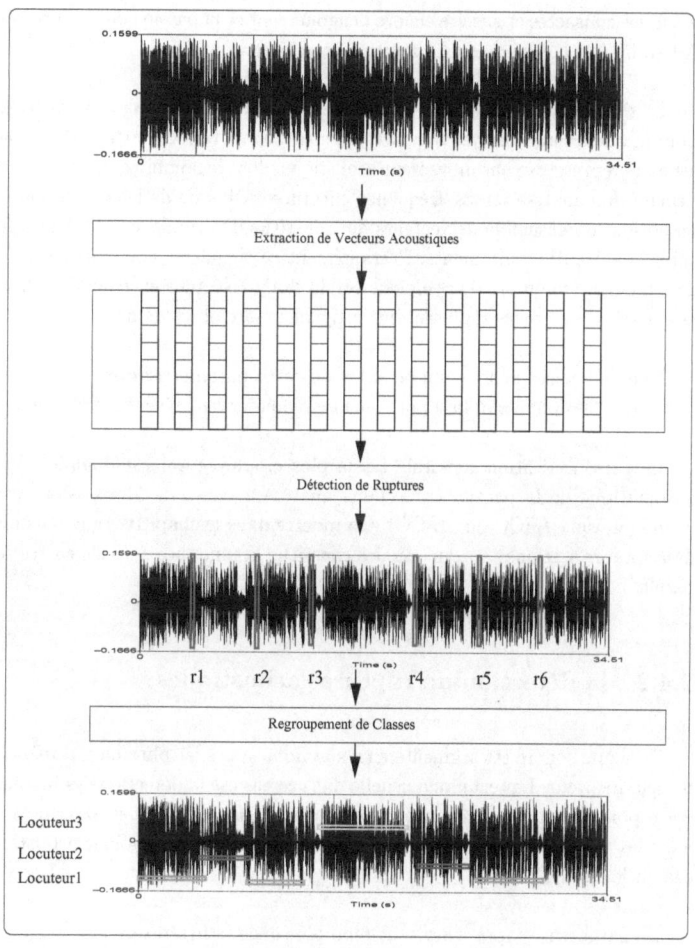

FIG. 2.2 – Architecture globale d'un système de segmentation en locuteurs.

2.4.1 La paramétrisation acoustique

Cette phase de prétraitement est omniprésente dans tout système de traitement automatique de la parole. Elle constitue le premier maillon d'une chaîne de traitements du signal de parole dont elle conditionne souvent les performances. De nombreux travaux y ont été consacrés et suscite encore l'engouement et la passion de nombreux chercheurs. Aussi, nous y consacrons un chapitre entier pour ce sujet.

Le signal sonore n'est pas exploité directement mais découpé en fenêtres ou trames pour lesquelles une analyse temps/fréquence à court terme est effectuée. Chaque fenêtre est alors représentée par un vecteur acoustique, dont le nombre et le type de composantes dépend de l'analyse temps/fréquence effectuée. A l'issue de l'étape de paramétrisation on obtient un ensemble de vecteurs qui constitue désormais le "nouveau signal" devant subir la suite des traitements. Pratiquement ce signal est une matrice dont le nombre de lignes est le nombre de composantes de chaque vecteur et le nombre de colonnes est le nombre de vecteurs représentant le signal sonore objet de notre analyse.

Une des conséquences importantes de cette paramétrisation est manifestement la réduction des données et la suppression de redondances présents dans le signal de parole.

La paramétrisation cepstrale est la plus employée dans le domaine du traitement automatique de la parole, issue d'une analyse à bancs de filtres selon une échelle linéaire ou Mel. (LFCC ou MFCC). On montre dans le chapitre 3 que la combinaison de descripteurs statiques et dynamiques constitue la tendance actuelle en traitement de la parole.

2.4.2 la détection de ruptures acoustiques

Le signal sonore est segmenté en zones homogènes les plus longs possibles contenant un seul locuteur. La technique usuelle dans ce cas est la détection des instants du signal correspondants à un changement de caractéristiques acoustiques. Les ruptures signifient alors les frontières de segments contenant une seule caractéristique acoustique (dans ce cas un locuteur).

De nombreuses approches sont reportées dans la littérature [40, 93, 64, 61, 70].

On s'intéresse dans cette thèse aux méthodes de détection de ruptures qui reposent sur les détection de changement de caractéristiques car plus générales et plus adaptées aux conversations radiodiffusées (Broadcast News). Plus générales, car une caractéristique acoustique peut concerner un discernement entre la parole et la musique, ou même pour un tour de parole d'un locuteur un changement de caractéristique peut concerner un changement de condition d'enregistrement ou un fond sonore différent.

Une première classification des méthodes de détection de rupture concerne le ca-

ractère séquentiel ou non de telles méthodes. Les méthodes de détection séquentielles
[1] sont liées par une contrainte sur le délai de détection qui doit être aussi court que
possible. Une prise de décision doit être prise à chaque observation (à chaque instant
d'analyse). Elles sont généralement orientés surveillance. Les méthodes de détection
non-séquentielles [2] ne sont pas assujettis à une contrainte de temps réel. La prise de
décision est effectuée après la phase complète de traitement des observations. De telles
méthodes sont bien adaptées à l'indexation audio et à celle du locuteur en particulier.
Dans cette thèse on s'intéresse plutôt à cette deuxième catégorie de méthodes de détection, bien que la méthode originale présentée peut aussi s'apparenter à une méthode
séquentielle. En réalité, c'est que la frontière distinction entre ces deux familles de méthodes n'est pas très nette. De telles méthodes peuvent se regrouper en trois classes :
méthodes métriques, méthodes paramétriques (à base de modèles) et méthodes hy-
brides. Nous détaillerons ces méthodes dans la suite de ce chapitre.

2.4.3   le regroupement

Suite à la détection de ruptures, un ensemble de segments S={ s_1, ...,s_i,...,s_n } est
disponible. Chaque segment représente un seul locuteur. L'objectif du regroupement
est de chercher une partition P en classes de segments, telle que chaque classe contient
les segments d'un locuteur.

Nous sommes en présence d'une collection d'objets (les segments de parole homo-
gènes/locuteurs) et nous devons regrouper ces objets par classe (les locuteurs). Cependant, comme indiqué plus haut lors de l'énonce des hypothèses de travail, nous ne
connaissons ni la nature des classes (pas de connaissance à priori sur les locuteurs), ni
le nombre de classes (nombre de locuteurs inconnu), c'est alors un problème de classification non supervisé, et les méthodes appliquées à notre tâche de regroupement de
locuteurs sont issues de cette branche des mathématiques.

La classification hiérarchique est la méthode usuellement adoptée dans la littérature
[40, 93, 64, 1, 61, 70]. Dans cet ensemble de méthodes, nous distinguons deux approches
[97, 31] :

– Le regroupement hiérarchique agglomératif (approche ascendante[3]) : On considère au départ, chaque élément S_i comme une classe et à chaque itération on réunit

---

[1] *Online methods*
[2] *Off line methods*
[3] *Top-bottom clustering*

deux classes les plus proches au sens d'un critère, appelé critère de regroupement (merging criterion). Ce processus est répété jusqu'à ce qu'un critère d'arrêt soit satisfait (stoping criterion).

– Le regroupement hiérarchique par divisions (ou approche descendante [4]) : Cette approche commence par placer tous les objets dans une seule classe. Cette classe unique est divisée en sous classes

2.5 Méthodes pour la détection de changement de locuteurs : Etat de l'art

On distingue deux grandes classes d'approches : Méthodes séquentielles [5] pour lesquelles les étapes de détection de ruptures et de regroupement sont distinctes et consécutives et les méthodes intégrées pour lesquelles la segmentation en locuteurs est réalisé en une seule passe sur les données sans distinction des étapes [69].

Dans cette thèse on s'intéresse aux méthodes appartenant à la première classe. Dans ce cadre, Les méthodes (ou systèmes) de segmentation en locuteurs peuvent se regrouper comme suit :

– méthodes à base de calcul de distance ou méthodes métriques[24, 55, 70]
– méthodes de détection de silence [70]
– méthodes à base de modélisation des données ou méthodes paramétriques [70]
– Autres méthodes [70]

2.5.1 Méthodes métriques

Ces méthodes se ramènent à calculer une distance entre deux fenêtres adjacentes glissantes sur les données de part et d'autre de l'instant d'analyse. Le seuillage de cette courbe de distance en fonction de l'instant d'analyse permet de déduire les instants de détection de rupture ou de regrouper itérativement des segments dont l'inter-distance est la plus faible.

---

[4] *Divisive clustering*
[5] *Step by step approach*

Étant donné les vecteurs acoustiques $\mathbf{x}(n)$, $n = 1, 2, \ldots$, la fenêtre d'analyse située avant l'instant d'analyse n définit l'ensemble passé immédiat $\mathsf{X}_\mathrm{p}(n) = \{\mathbf{x}(n - m_\mathrm{p}), \ldots, \mathbf{x}(n-1)\}$ de m_p vecteurs acoustiques, tandis que la fenêtre adjacente contient m_f vecteurs acoustiques représentant l'ensemble futur immédiat $\mathsf{X}_\mathrm{f}(n) = \{\mathbf{x}(n+1), \ldots, \mathbf{x}(n+m_\mathrm{f})\}$.

Dans ce cadre on distingue deux types de distances. Le premier groupe concerne les distances statistiques. Celles-ci permettent de comparer deux ensembles de vecteurs acoustiques à travers la comparaison de leurs statistiques suffisantes sans hypothèses à priori d'un modèle particulier des données ou de leurs distribution de probabilité. Ces méthodes sont réputées rapides et performantes si m_p et m_f sont suffisamment grands pour permettre de calculer des statistiques robustes et que les données en soient modélisées fiablement avec seulement leurs seules moyennes et variances.

Le deuxième groupe concerne les distances qui se ramènent au calcul du rapport de vraisemblance généralisé (RVG) soit directement [75] ou indirectement comme dans l'approche par critère d'information bayésien (BIC) notée RVG-BIC [24]. Les méthodes à base de RVG-BIC nécessitent la connaissance d'un modèle de la distribution de probabilité des données $\mathbf{x}(n)$. Les modèles gaussien ou mélange de gaussiennes GMM [84] ont été largement exploités dans ce cadre. Cette deuxième catégorie est conséquente en charges de calculs mais donnent de bons résultats comparativement au premier groupe.

Le Critère d'Information Bayésien (BIC)

Cette technique a été largement utilisée pour le calcul de distances servant à la détection de rupture et au regroupement. Son succès est du à sa simplicité de mise en oeuvre comparativement aux performances obtenus.

Le Critère d'Information Bayésien (BIC), ou critère du "Minimum Description Length" (MDL) est un critère de sélection de modèle introduit par Schwartz [89, 90]. BIC est un critère de vraisemblance pénalisé par complexité du modèle, c'est à dire par le nombre de paramètres du modèle. Soit $\mathsf{X} = \{\, x_1, \ldots, x_i, \ldots, x_N \,\}$ l'ensemble des données à modéliser, soit un ensemble de vecteurs acoustiques répartis, par exemple, dans l'espace cepstral et $\mathcal{M}$ le modèle paramétrique en question. La valeur BIC pour un modèle $\mathcal{M}$ renseigne sur le degré d'ajustement du modèle aux données. Elle est donnée par :

$$BIC(\mathcal{M}) = \log \mathcal{L}(\mathcal{X}, \mathcal{M}) - \lambda \frac{1}{2} \#(\mathcal{M}) \log(\mathsf{N}) \qquad (2.1)$$

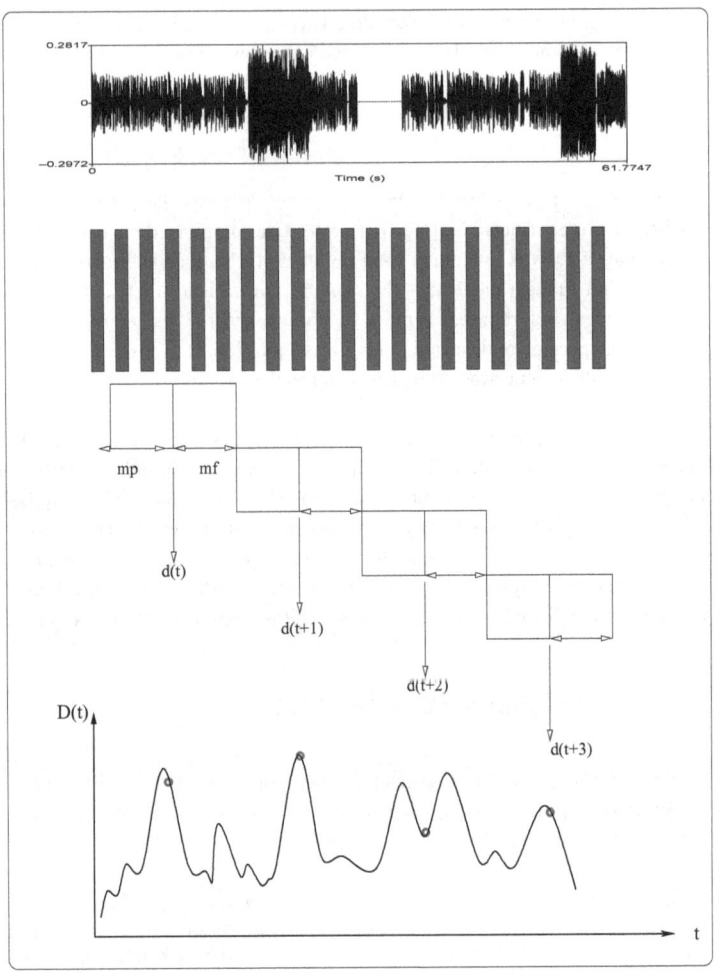

FIG. 2.3 – Méthode de la fenêtre glissante sur les données

La fonction de vraisemblance $\mathcal{L}(\mathcal{X}, \mathcal{M})$ est maximisée pour le modèle $\mathcal{M}$, $\#(\mathcal{M})$ désigne le nombre de paramètres libres nécessaire à l'estimation du modèle et λ est un facteur de pénalité en théorie égale à 1 et N le nombre de vecteurs acoustiques à modéliser. Ainsi, le premier terme de cette équation reflète l'ajustement du modèle aux données et le deuxième terme traduit la complexité du modèle.

Au fait le critère BIC est utilisé pour sélectionner un modèle parmi plusieurs pour les mêmes données. Le modèle retenu est celui qui maximise ce critère et dont la complexité reste raisonnable.

L'application de ce critère pour la détection de changement de locuteurs est réalisée de la façon suivante : On considère le test d'hypothèse suivant pour un changement hypothétique à l'instant d'analyse i :

- H_0 : La séquence a été prononcée par un seul et même locuteur. Alors elle est supposée générée par un seul processus gaussien multidimensionnel :

$$(x_1, ...,x_N) \sim \mathcal{N}(\mu x, \Sigma x)$$

- H_1 : La séquence a été prononcée par deux locuteurs différents. On distingue alors deux sous séquences correspondants à chacun des locuteurs modélisées par deux processus gaussiens multidimensionnels distincts :

$$(x_1, ...,x_i) \sim \mathcal{N}(\mu x1, \Sigma x1) \text{ et } (x_{i+1}, ...,x_N) \sim \mathcal{N}(\mu x2, \Sigma x2)$$

où μ représente la moyenne et Σ représente la matrice de covariance.

Le rapport du maximum de vraisemblance entre l'hypothèse H_0 et l'hypothèse H_1 est donné par :

$$R(i) = \frac{N_X}{2} log \mid \Sigma_X \mid - \frac{N_{X1}}{2} log \mid \Sigma_{X1} \mid - \frac{N_{X2}}{2} log \mid \Sigma_{X2} \mid \qquad (2.2)$$

avec Σ_X, Σ_{X1} et Σ_{X2} sont les matrices de covariance respectivement de toutes les données, de $\{x_1, ...,x_i\}$ et de $\{x_{i+1}, ...,x_N\}$. N_X, N_{X_1} et N_{X_2} sont respectivement le nombre de vecteurs acoustiques dans la séquence complète, de la sous-séquence $\{x_1, ...,x_i\}$, et de la sous-séquence $\{x_{i+1}, ...,x_N\}$.

Ainsi l'estimée par maximum de vraisemblance du point de changement est donnée par :

$$\hat{t} = \arg \max_i R(i) \qquad (2.3)$$

Ce test d'hypothèses est en fait la comparaison de deux modèles : un modèle de données avec deux gaussiennes (hypothèse H_1) et un modèle de données avec une seule gaussienne (hypothèse H_0). La différence BIC entre ces deux modèles est :

$$\Delta BIC(i) = -R(i) + \lambda P \qquad (2.4)$$

où le rapport de vraisemblance $R(i)$ est celui défini à l'équation 2.2 et la complexité est donnée par :

$$P = \frac{1}{2}(d + \frac{1}{2}d(d + 1)) \log N_X \qquad (2.5)$$

15

d est la dimension de l'espace des vecteurs acoustiques. Le poids de pénalité λ est en théorie égale à 1. P est appelé terme de pénalité. Ainsi si l'équation 2.4 est négative, alors l'hypothèse H_1 est privilégiée, c'est à dire qu'il y a un changement de locuteur à l'instant (i).

Détection de changement de locuteurs à l'aide du critère BIC

L'implémentation du critère BIC se déroule en trois étapes-voir figure 2.4 :

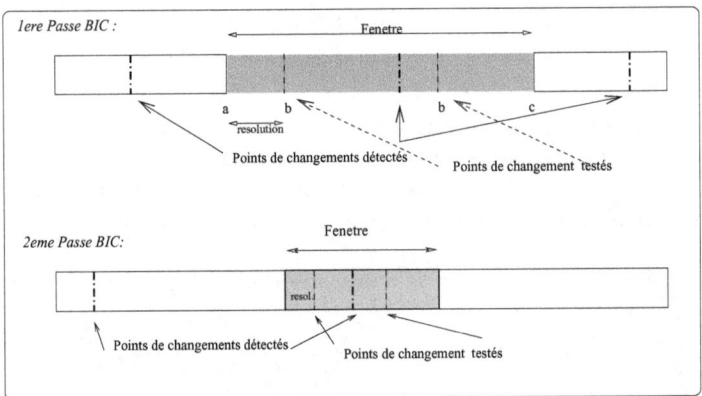

FIG. 2.4 – Principe des deux premières étapes la méthode BIC

1. Une première passe pour localiser grossièrement les instants de ruptures potentiels. La valeur ΔBIC est calculée entre deux fenêtres adjacentes $[a,\ b]$ et $[b,\ c]$, où les bornes a et c sont fixes. La borne b est située entre a et c et sa position est incrémentée à chaque itération d'un pas. Tant qu'aucune valeur négative de ΔBIC n'est trouvée, la fenêtre $[a,\ c]$ est augmentée. Par contre quand une valeur négative est trouvée,donc un changement de locuteur détecté, cet instant de rupture devient la nouvelle borne a.

2. La deuxième passe sur les données permet de raffiner la localisation des instants de ruptures trouvées lors de la première passe. L'intervalle $[a,\ c]$ est choisi plus court et centré sur le point de changement potentiel. Le pas qui sert à augmenter la position de la borne b est choisi plus petit.

3. La troisième passe est une étape de validation des instants obtenus à la deuxième passe. Si { $s_1,...,s_N$ } est l'ensemble des instants de ruptures potentiels résultants de la deuxième passe, une valeur de ΔBIC est calculée pour chaque couple de fenêtres $[s_{i-1},s_i]$ et $[s_{i+1},s_{i+2}]$, voir figure 2.7.

La méthode DISTBIC

Cette méthode introduite et développée par [24] permet de détecter les changements de locuteurs dans un flux audio en réalisant deux passes sur les données. Elle se base sur le calcul d'une distance pour évaluer, lors de la première passe, les détections de ruptures les plus probables. La deuxième passe permet de valider ou non, ces instants de ruptures à l'aide du critère BIC détaillé plus haut.

Le principe général est le suivant : Un couple de fenêtres adjacentes est déplacée le long du signal de parole paramétré. Pour chaque couple de fenêtres, une distance est évaluée. A la fin du parcours on obtient une courbe des distances en fonction du temps pour l'ensemble du signal. A partir de cette courbe les instants de ruptures sont déduits par application d'un seuil. Cette segmentation préliminaire est raffinée en utilisant le critère BIC lors de la deuxième passe afin de valider ou non les instants précédemment trouvés.

Nous détaillons ci-après cette technique pour la détection d'un instant de rupture puis nous donnerons l'algorithme global pour la détection de multiples changements de locuteurs dans un signal audio paramétré.

Soient deux segments adjacents du signal paramétré $X_p(n) = \{x(n - m_p),...,x(n-1)\}$ et $X_f(n) = \{x(n+1),...,x(n+m_f)\}$, à la frontière desquels nous supposons l'existence probable d'un changement de locuteur. Ces deux segments, au fait deux ensembles de vecteurs acoustiques, peuvent être de longueur différentes. Pour tester cette hypothèse, une distance ou une mesure de dissimilarité est calculée entre ces deux ensembles : Une forte similarité, c'est à dire une faible distance, indique que les deux portions de signal proviennent d'un seul et même locuteur. Un résultat contraire privilégie l'existence de deux locuteurs différents et donc valide l'instant analysé comme un instant de rupture. Chaque ensemble est supposé modélisé par un processus gaussien multidimensionnel tel que : $X \curvearrowleft \mathcal{N}(\mu_X, \Sigma_X)$ où μ_X représente le vecteur moyen et Σ_X la matrice de covariance supposée pleine et d la dimension des vecteurs acoustiques. $\mathcal{Z}$ désigne la réunion de ces deux segments. Un **R**apport de **V**raisemblance **G**énéralisé (RVG) est évalué entre les deux hypothèses H$_0$ (les deux segments sont prononcés par un seul et même locuteur et donc générés par un unique processus gaussien multidimensionnel) et H_1 (les segments appartiennent à deux locuteurs différents et par conséquent sont générés par deux processus gaussiens multidimensionnels). Le RVG correspondant à ce test est donné par :

$$R = \frac{\mathcal{L}(z, \mu_z; \Sigma_z)}{\mathcal{L}(X_p, \mu_{X_p}; \Sigma_{X_p}) \; \mathcal{L}(X_f, \mu_{X_f}; \Sigma_{X_f})} \qquad (2.6)$$

où $\mathcal{L}(X, N(\mu_X, \Sigma_X))$ représente la vraisemblance de la séquence de vecteurs acoustiques X étant donné le processus gaussien multidimensionnel $\mathcal{N}(\mu_X, \Sigma_X)$. Pour obtenir une mesure de distance entre les deux segments, l'opposé du RVG est considéré tel que :

$$d_{RVG} = -\log R = -\frac{N_X}{2} \log \mid \Sigma_X \mid + \frac{N_{X_p}}{2} \log \mid \Sigma_{X_p} \mid + \frac{N_{X_f}}{2} \log \mid \Sigma_{X_f} \mid \qquad (2.7)$$

Détection des changements de locuteurs à partir de la courbe des distances

Le principe de la détection d'un instant de rupture par la méthode DISTBIC est généralisé à plusieurs instants en utilisant le couple de fenêtres adjacentes glissantes sur les données. Les fenêtres ne se recouvrent pas. Il y a un compromis entre la précision de détection des instants de rupture et la durée de la fenêtre d'analyse. Celle-ci doit être assez courte pour ne renfermer que la parole d'un seul locuteur et d'autre part cette durée doit être suffisamment longue pour que l'estimation des paramètres à partir des données contenues dans les fenêtres soit fiable. Un bon compromis dépend de la distance utilisée et de l'application envisagée. A chaque itération, les fenêtres sont déplacées d'un pas de quelques millisecondes (100, 200 ou 300 ms). Ce recouvrement des fenêtres entre chaque itération permet de fixer la précision de détection des instants de rupture qui est égale à la durée de décalage entre deux itérations.

Comme nous l'avons expliqué plus haut, une distance est calculée pour chaque couple de segments et le processus est répété tout le long du signal. A la fin du processus on dispose d'une courbe de distances. En principe, un instant de rupture se traduit par un maximum de la courbe des distances au delà d'un seuil prédéterminé. Des études expérimentales antérieures ont montré en effet qu'un instant de rupture se traduit souvent par un maximum local caractérisé par un pic significatif et marqué de la courbe des distances. D'autre part, on relève que cette courbe des distances est fortement bruitée, ce qui se traduit par une difficulté accrue de trouver un seuil permettant de déterminer les instants de ruptures en assurant un bon compromis entre le nombre de détections manquées et le nombre de fausses alarmes. Devant un tel problème, de nombreux auteurs [24, 93] ont souligné la nécessité d'opérer un lissage de la courbe des distances afin de diminuer les artefacts responsables du fort taux de fausses alarmes.

Parmi les méthodes existantes, nous avons retenu la méthode proposée par M. Seck

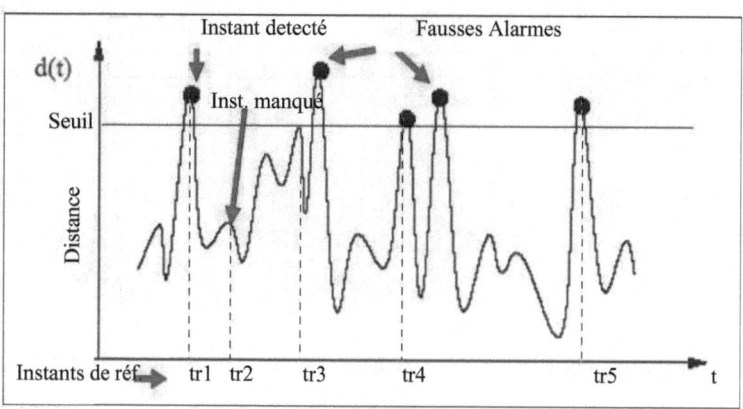

FIG. 2.5 – Exemple de la Courbe des distances

dans sa thèse [93]. Nous détaillons ci-après, cette approche que nous avons expérimenté avec succès. L'idée est de remplacer la courbe des distances par un indice de ruptures $C(t)$ régulier permettant de mettre en valeur les maximas locaux et de diminuer les artefacts aux voisinage de ces maximas locaux. Considérons un instant t donné, on recherche les premiers instants $\tau_1(t) < t$ et $\tau_2(t) < t$ tels que :

$$d(\tau_1(t)) > d(t) \text{ et } d(\tau_2(t)) > d(t) \qquad (2.8)$$

On calcule ensuite les expressions $V_1(t)$ et $V_2(t)$ telles que :

$$V_1(t) = \min_{\tau_1(t) < i < t} d(i) \text{ et } V_2(t) = \min_{t < i < \tau_2(t)} d(i) \qquad (2.9)$$

et enfin : $U(t) = \max\{V_1(t), V_2(t)\}$ Le critère de détection d'une rupture à l'instant t est donné par :
$C(t) = d(t) - U(t)$. Le critère C ainsi défini est positif aux instants qui sont maxima locaux de la courbe $D(t)$ et nul aux autres instants. La figure 2.6 représente un exemple de courbe des distances et le critère $C(t)$ extrait de cette courbe. A partir de $C(t)$ la décision de présence d'une rupture ou non l'instant t est prise en comparant directement la valeur du critère à un seuil :

$$C(t) \gtrless \lambda \qquad (2.10)$$

19

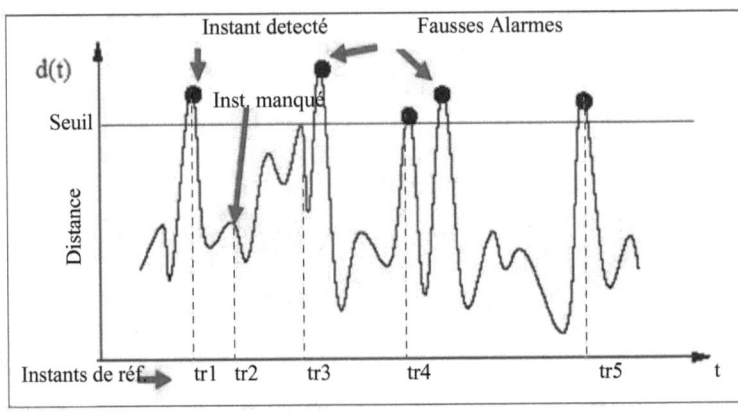

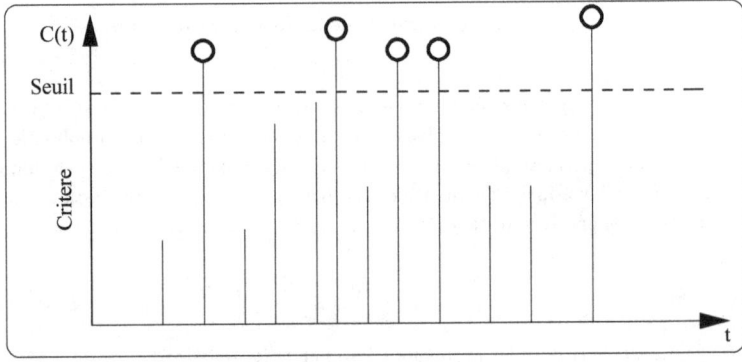

FIG. 2.6 – Extraction des instants de ruptures à partir de la courbe des distances utilisant le critère de seck.

Raffinement à l'aide du Critère BIC

Afin de réduire le nombre de fausses alarmes, on regroupe les segments adjacents appartenant à un même locuteur. Pour ce faire, on fait appel au critère BIC pour valider ou non les points de changement de locuteurs trouvés lors de la première passe. Ainsi pour valider l'instant de rupture en $(i+1)$, nous appliquons le critère BIC aux segments $[s_i, s_{i+1}]$ et $[s_{i+1}, s_{i+2}]$. Rappelons qu'il s'agit de tester les hypothèses H_1 (modélisation des segments considérés à l'aide de deux gaussiennes) et H_0 (modélisation par une seule gaussienne). La différence BIC entre ces deux modélisation va nous permettre de choisir une hypothèse :

$$\Delta BIC(s_{i+1}) = -R(s_{i+1}) + \lambda P \qquad (2.11)$$

où R(i) désigne le rapport de vraisemblance entre l'hypothèse H_0 et l'hypothèse H_1 (cf équation 2.1) , P le terme de pénalité et λ le poids de la pénalité.

ΔBIC négatif permet de valider l'instant de changement de locuteur en (i+1) sinon ce changement est annulé et les deux segments sont réunies. A la prochaine itération le couple de segments $[s_i, s_{i+2}]$ et $[s_{i+2}, s_{i+3}]$ sera considéré.

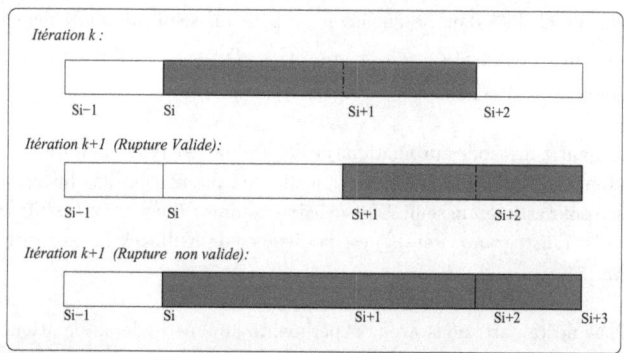

FIG. 2.7 – raffinement de la précision de détection des instants de ruptures par le critère BIC

Autres distances ou mesures de similarités

On relève dans la littérature plusieurs distances ou mesures de similarités qui ont été appliqués pour la détection de changement de locuteurs. Certaines sont issues des mathématiques appliquées et d'autres sont des variations du critère BIC. Xavier Anguerra [70] a réalisé une revue détaillée des mesures de similarités appliquées à la détection de changement de locuteurs. Le principe général est de comparer deux ensembles de vecteurs acoustiques de part et d'autre de l'instant d'analyse. Dans ce cas, on parle également d'index de similarité. La propriété la plus en vue d'un index de similarité est d'avoir une grande valeur pour traduire un instant de rupture, et donc caractériser un changement de locuteur. Une faible valeur doit indiquer que l'instant considéré ne traduit pas un instant de rupture. Notons également que les charges de calcul doivent être raisonnables. Il est important de souligner que toutes les métriques de l'état de l'art dépendent d'une modélisation sous-jacente des données et de la taille des vecteurs acoustiques considérés. Un autre problème lié à ces métriques est le choix du seuil qui permet de définir les instants de ruptures. Généralement le choix de ce paramètre est empirique et dépend fortement des données et de la nature de l'application (enregistrements radiodiffusés, enregistrements téléphoniques, enregistrements de réunions). Cette question a été etudiée et de nombreux travaux lui ont été consacrées dans le but de trouver des méthodes automatiques pour le choix d'un seuil adapté aux données analysées.

Dans le cas de notre application, nous relevons les travaux de Lu, Zhang et Jiang et Wun et al. [60] dans lesquelles il propose un seuil adaptatif dépendant de N_s et autres seuils précédents : $\text{Th}_i = \alpha \dfrac{1}{N_s} \sum_{k=0}^{N_s} D(i - k - 1, i - k)$ avec α un coefficient d'amplification proche de 1.

Une autre méthode automatique de détermination dynamique du seuil a été proposée par Rougui et al. dans [87] dans laquelle une population de clusters (partitions) est utilisée pour estimer un seuil. Elle se définit comme : $\text{Th} = \max(hist(d(M_i, M_j), \forall i \neq j)$. Avec hist l'histogramme et d(.) est la distance de Kullback Leibler entre deux modèles GMM.

Pour notre part, nous avons expérimenté une méthode automatique de détermination du seuil optimal basée sur le calcul itératif de seuil avec un pas de progression. Le critère utilisé est le taux d'erreur de segmentation (détection de ruptures et regroupement). Cette technique sera développée par la suite dans ce manuscrit.

2.5.2 Méthodes à base de détection de silence

Parmi les méthodes non métriques, l'état de l'art fait apparaître des méthodes à la base de l'évaluation de zones de silence séparant les locuteurs [103]. De telles méthodes s'appuient sur le calcul de l'énergie ou de la puissance du signal. Il s'agit de comparer l'énergie locale à l'énergie moyenne du signal. Le seuillage d'une courbe présentant des maximum et minimum locaux permet de déterminer les instants délimitant les zones de silence et par conséquent de changements de locuteurs.

2.5.3 Méthodes Paramétriques

Des modèles mélanges de gaussiennes (GMM) ou des modèles de Markov cachés (HMM) sont entraînées sur des données représentant des classes acoustiques prédéfinies (enregistrements téléphoniques, enregistrements radio, signaux audio de sujets masculins féminin et autres combinaisons de telles classes) Un signal audio test préalablement modélisé par de telles modèles (GMM et/ou HMM) est alors classifié en faisant appel à la méthode de maximum de vraisemblance et au décodage Viterbi. Cette approche est reportée notamment dans les travaux de [1, 68] et dans les références qui y sont indiquées. On relève le travail de Lu, Li et Zhang dans [59] qui utilisa les Méthodes à Vecteurs Supports entrainés sur des données préalablement étiquetées.

2.5.4 Autres méthodes

Nous regroupons dans cette section les méthodes qui ne sont pas clairement apparentés aux groupes décrits plus haut. Nous relevons les travaux de Vescovi et al. et Zdansky et Nouza [51] qui utilisent la méthode de programmation dynamique pour trouver les instants de ruptures. Nous relevons que ces travaux utilisent à un moment ou un autre le critère BIC soit pour affiner les résultats ou réduire les charges de calcul. Le critère de décision employé reste la méthode de maximum de vraisemblance. Les travaux de Pwint et Sattar reportées dans [83] présentent cependant une originalité du fait qu'elles utilisent le paradigme de la programmation génétique. Les instants de ruptures sont estimées au moyen des fonctions de Walsh. Les travaux originaux reportés dans la thèse de fabio Valente méritent également d'être soulignés [107]. Cet auteur reprend le formalisme statistique de Bayes à travers les méthodes variationnelles qui représentent des méthodes approximatives mais qui permettent néanmoins l'apprentissage et la sélection simultanées de modèles paramétriques tels que GMM ou HMM. Cette approche permet ainsi de s'affranchir du seuil de décision inhérent aux méthodes à base du RVG. Ses points faibles sont celles des méthodes bayésiennes, à savoir l'estimation ou l'initialisation des probabilités à priori.

2.6 Méthodes de regroupement

Suite à la détection des instants de ruptures, nous disposons d'un ensemble de segments $S=\{s_1, ..., s_i, ...s_n\}$. Chaque segment s_i contient un seul locuteur. Les méthodes de regroupement cherchent une partition $\mathcal{P}$ en classes de segments telle que chaque classe contient les segments d'un locuteur. Il convient de rappeler les hypothèses de travail à savoir que le nombre de locuteurs n'est pas connu et qu'aucun échantillon de la voix des locuteurs n'est disponible. Les méthodes de regroupement appartiennent à la classe des méthodes de classification non-supervisée. La classification hiérarchique est la méthode usuellement proposée dans la littérature [24, 94, 64, 70]. Dans cette famille, deux approches itératives sont utilisées : l'approche ascendante appelée aussi méthode agglomérative [6] et l'approche descendante appelée aussi regroupement par division [7].

– L'approche descendante consiste à placer, d'abord, tous les objets (les locuteurs) dans une seule classe, puis à chaque itération cette classe est divisée en sous classes selon un critère appelé critère de division (spliting criterion). Ce processus est répété jusqu'à ce qu'un critère d'arrêt soit satisfait.

– L'approche ascendante, plus intuitive dans le cadre de segmentation en locuteurs, commence avec une classe par objet (c.a.d. une classe par locuteur) et à chaque itération, on réunit deux classes ou deux groupes de classes les plus proches au sens d'un critère, appelé critère de regroupement (Merging Criterion). Ce processus est répété jusqu'à ce qu'un critère d'arrêtsoit satisfait.

Dans les deux approches, le résultat d'une **C**lassification **H**ierarchique (CH) est présenté sous la forme d'un arbre appelé dendrogramme qui illustre les regroupements ou les divisions faits à chaque itération.

Nous nous intéressons dans la suite de cette thèse aux méthodes de regroupement agglomératives car elle correspondent mieux intuitivement au cadre de la segmentation en locuteurs.

2.6.1 Sur le choix des critères de regroupement/arrêt

Le critère de regroupement est choisi de manière à regrouper des segments ou groupes de segments appartenant à un seul et même locuteur. Un critère d'arrêt trivial est le nombre final de classes. Cependant dans le cas où ce nombre est inconnu, deux alternatives se présentent à nous :

1. Réitérer l'algorithme jusqu'à l'obtention d'une classe unique. Nous obtenons à l'issue du regroupement un arbre de classification appelé dendrogramme. C'est la manière de parcourir l'arbre qui définit la partition finale.

2. Imposer une contrainte sur le critère de regroupement : Si ce critère est une distance (ou une mesure de similarité) telles que nous avons évoqué dans les

---

[6] *Agglomerativ Hiearchical Clustering or Top bottom clustering*
[7] *Divisive Clustering or top down clustering*

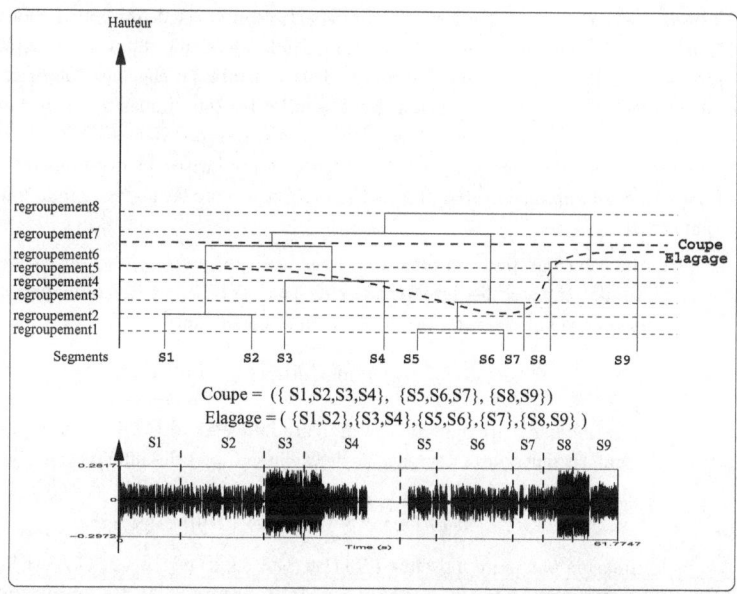

FIG. 2.8 – A l'issue d'un algorithme de la classification hiérarchique un dendrogramme est construit dans lequel chaque noeud correspond à la fusion de deux classes. On définit une partition en sélectionnant les noeuds à conserver.

chapitres précédents, à savoir permettre de regrouper à chaque itération deux groupes de segments. Contraindre cette distance à ne pas dépasser un certain seuil permet de définir un critère d'arrêt. Ainsi, le processus de regroupement s'arrête lorsque les deux groupes de segments les plus proches sont séparées par une distance ne satisfaisant plus cette contrainte. On peut aussi imposer une contrainte d'homogénéité des groupes de segments obtenus. Si cette homogénéité n'est pas jugée satisfaisante au sens d'un critère convenu alors le processus de regroupement s'arrête.

2.6.2 Actualisation du critère de regroupement

Un aspect important de la C.H. est la manière d'actualiser le critère de regroupement à chaque itération soit au fur et à mesure du regroupement des éléments. En effet, il y a nécessite d'actualiser ce critère car au départ, celui-ci est défini pour fusionner deux éléments (soit deux segments). Cependant dès la deuxième itération le critère de regroupement doit s'adapter pour fusionner deux ensembles d'éléments (ou deux groupes de segments). Après chaque fusion, les dissimilarités (ou similarité) entre la nouvelle classe et les autres classes sont réévaluées. Une solution possible est l'application d'une méthode d'agglomération qui permet d'obtenir les similarités (ou disimilarités) $d(C_{u,v},.)$ à partir des dissimilarités $d(C_u,.)$ et $d(C_v,.)$. On distingue les règles agglomératives suivantes [31] :

- Estimation par paire minimale (Single Linkage) : $d(C_{uv}, C_w)$ est la plus petite dissimilarité entre les interventions de la classe C_{uv} et des interventions d'une autre classe C_w. Elle se traduit par l'équation suivante :

$$d(C_{uv}, C_w) = \min\{d(C_u, C_w), d(C_v, C_w)\} \qquad (2.12)$$

- Estimation par paire maximale (Complete Linkage) : $d(C_{uv},C_w)$ est la plus grande dissimilarité entre les interventions de la classe C_{uv} et des interventions de la classe C_w, telle que :

$$d(C_{uv}, C_w) = \max\{d(C_u, C_w), d(C_v, C_w)\} \qquad (2.13)$$

- Estimation par paire moyenne (Average pair Linkage) : $d(C_{uv},C_w)$ est la dissimilarité moyenne entre les interventions de la classe C_{uv} et des interventions de la classe C_w, telle que :

$$d(C_{uv}, C_w) = \sum_{u,v \in C_u, C_v} \frac{(d(C_u, C_w) + d(C_v, C_w))}{N_u N_v} \qquad (2.14)$$

- Estimation complète (Full Linkage) : Cette règle consiste à considérer une classe d'éléments comme ne formant qu'un seul et même élément (c'est à dire un groupe de segments sera considéré comme un seul segment obtenu en concaténant tous les segments du groupe). Les caractéristiques de cette classe, sont alors calculés à chaque ajout d'un nouvel élément.

2.6.3 sélection de la partition finale

A l'issue d'un algorithme de C.H. un dendrogramme est construit dans lequel chaque noeud correspond à la fusion de deux classes. On définit une partition en sélectionnant les noeuds à conserver. La partition finale doit cependant contenir tous les segments (voir figure 2.8). On relève plusieurs techniques de sélection dans l'état de l'art. Elles sont détaillées notamment dans [31, 97]. Ces techniques consistent à couper le dendrogramme à une hauteur donnée (coupe)ou à sélectionner un ensemble de classes à différentes hauteurs (élagage) selon un critère à respecter. Pour l'application à l'indexation en locuteurs, un tel critère est l'erreur de segmentation obtenue suite à une sélection préalable.

2.6.4 Etat de l'art des techniques de regroupement hiérarchique

Regroupement hiérarchique agglomératif

Nous décrivons dans cette section les principales techniques de l'état de l'art traitant de la classification hiérarchique agglomérative. Nous rappelons que ces méthodes nécessitent l'adoption de deux mesures : Une mesure définissant un critère de groupement entre les segments (classes) à réunir. Celle-ci est généralement une distance, ou plus exactement une matrice de distances (afin de tenir compte du calcul de toutes les paires de segments), et une autre mesure définissant un critère d'arrêt du processus de regroupement.

Ces mesures, en général peuvent être classifiées selon le même principe que pour les méthodes de détection de rupture (métriques, statistiques ou paramétriques). Parmi les travaux les plus anciens dans ce cadre, on relève celui de Jin et al. [53] qui utilisèrent la distance proposée par Gish et al. dans [43] qui introduit un facteur favorisant le regroupement de deux segments voisins et un critère d'arrêt qui consiste en une mesure de dispersion entre les classes que l'on cherche à minimiser. Vers la même époque, on relève aussi les travaux de Siegler et al., Zhou et Hansen dans [95, 116] qui emploient comparativement la divergence de Kullback Liebler symétrisée notée KL2 et la distance de Mahalanobis comme mesures de similarité, et un seuillage de celle-ci comme critère d'arrêt. Ils concluent la divergence KL2 donne de meilleurs résultats et qu'une présegmentation en classes acoustiques (hommes/femmes) réduit les charges de calculs de la classification et en améliore les performances.

Il est important de remarquer que les méthodes paramétriques utilisent largement le modèle gaussien ou mélange de gaussiennes afin de modéliser les segments de parole résultant de l'étape de détection de ruptures. On construit alors une mesure de similarité entre modèles, ce qui permet de définir un critère de regroupement. Le critère d'arrêt est soit une contrainte imposée sur cette distance ou un critère d'homogénéité sur les segments obtenus (mesure de dispersion ou de pureté) Dans cette classe de méthodes, on relève les travaux de Ben et al. puis Moraru et al.[7, 73]. Il s'agit d'entraîner un modèle GMM sur tout le signal audio. On définit alors une distance KL2 entre modèles GMM pour le cas particuliers où seulement les moyennes sont réadaptées par une méthode maximum à posteriori. Une telle distance est définie comme :

$$D(M_1, M_2) = \sqrt{\sum_{m=1}^{M} \sum_{d=1}^{D} W_m \frac{(\mu_1(m,d) - \mu_2(m,d))^2}{\sigma_{m,d}^2}} \qquad (2.15)$$

avec $\mu_1(m,d)$ et $\mu_2(m,d)$ sont les moyennes d'ordre d du vecteur moyen de la gaussienne m. $\sigma_{m,d}^2$ est la variance d'ordre d de la gaussienne m et M, D sont respectivement le nombre de gaussiennes et leur dimension dans le mélange . W_m est le poids associé à la gaussienne m. Le critère d'arrêt utilisé pour ces méthodes est un seuillage de cette distance ou le critère BIC. Dans le même contexte, Rougui et al. [87] propose récemment une distance entre deux modèles GMM construite avec une divergence KL. Elle se formalise comme suit : Étant donné deux modèles M_1 et M_2 comprenant chacun K_1 et K_2 composantes GMM avec leurs poids associés $W_1(i), i = 1...K_1$ et $W_2(i), i = 1...K_2$ La distance entre M_1 et M_2 est alors définie comme :

$$d(M_1, M_2) = \sum_{i=1}^{K_1} W_1(i) \min_{j=1}^{K_2} KL(\mathcal{N}_1(i), \mathcal{N}_2(j)) \qquad (2.16)$$

avec $\mathcal{N}(i)$ est une des gaussiennes du mélange.

Une autre classe de méthodes utilise une distance basée sur le rapport de vraisemblance généralisé 2.7 comme critère de regroupement. Plus cette distance est petite, plus il est probable que les segments aient été générées par le même locuteur. Le principe de regroupement est le suivant : Une matrice des distances est formée où chaque élément $d(i,j)$ représente la distance entre les éléments i et j. A chaque itération, les deux segments ou groupes de segments les plus proches au sens de cette distance sont réunies. Le critère d'arrêt est soit la maximisation de la pureté des classes, ou le critère BIC. On relève dans l'état de l'art beaucoup de travaux qui repose sur cette démarche.

Solomonov et al. décrivent dans leur article [97] l'utilisation de la distance RVG comparée avec la divergence KL2 comme critère de regroupement. Le processus de regroupement s'arrête quand il n' y a plus qu'un seul groupe de segments. C'est la sélection de la partition dans le dendrogramme qui utilise le critère de pureté. Une partition est parfaite si chaque groupe de segments ne contient que les segments d'un seul locuteur et si tous les segments de ce locuteur sont réunies dans le même groupe de segments (la même classe). La méthode d'évaluation de la partition obtenue doit pénaliser la réunion des interventions de différents locuteurs ou la séparation des interventios d'un même locuteur en plusieurs groupes de segments. Les travaux reportés dans Tsai et al. [105] reposent sur le même principe.

Poursuivant les travaux originaux de Shaobing Chen et Gopalakrishnan [18], plusieurs auteurs [24, 75, 103] utilisent le critère BIC comme critère de regroupement et d'arrêt avec des variations et modifications sur le terme de pénalité P ou du facteur λ. Une matrice de distances entre chaque couple de segments est calculée. A chaque itération, deux segments ou groupes de segments satisfaisant ΔBIC en valeur absolue maximum sont réunies cf. 2.11. Le critère BIC comme critère d'arrêt consiste à ne pas réunir deux groupes de segments si $\Delta BIC < 0$.

Certains auteurs comme Barras et al. [6] Zhu, Barras, Meignier et Gauvain [117] et Sinha et al. [96] empruntent des techniques du domaine de l'identification de locuteurs afin de déterminer des modèles de classes de locuteurs plus représentatifs de la diversité des caractéristiques des locuteurs intervenant dans un fichier audio. Poursuivant le travail initial de Reynolds et al. 1998 [85], un modèle du monde universel (UBM) [8] est utilisé par ces systèmes pour déterminer les classes de locuteurs en genre et selon la bande passante dans le cas d'émissions radiodiffusées. Une distance basée sur le Rapport de Vraisemblance Croisé (RVC) est employée pour comparer les segments ou groupes de segments. Un seuil empirique sur cette distance détermine le critère d'arrêt.

Poursuivant ces travaux, Nishida et Kawahara [78] propose d'utiliser une Quantification Vectorielle afin de modéliser les segments de parole de courte durée en modifiant les valeurs des poids et variances d'une mixture de gaussiennes (QVGMM). Un critère BIC est alors exploité pour sélectionner entre cette modélisation QVGMM et le modèle classique GMM. Ici, le RVC est également employée pour comparer les segments de parole pour former les classes de locuteurs.

Une approche originale est celle proposée par Moh et al. dans [71]. Il s'agit de projeter les vecteurs acoustiques dans l'espace des locuteurs puis de définir une distance dans cet espace. Étant donné un ensemble de classes C_k, $k=1...K$ et un ensemble de segments de vecteurs acoustiques X_s, $s=1,...,S$. La première étape consiste à générer les coordonnées vectorielles de chaque classe étant donné un segment de vecteurs acoustiques en calculant la vraisemblance d'appartenance de chaque segment à une classe donnée.La similarité entre deux classes (segments ou groupes de segments) est ainsi calculée au moyen d'une corrélation croisée entre ces vecteurs :

$$C(k,j) = \sum_s p(C_k/X_s)p(C_j/X_s) \qquad (2.17)$$

$p(C_k/X_s)$ est la probabilité d'appartenance du segment X_k à la classe C_k étant donné l'ensemble X_s.

---

[8]Universel Background Model

29

Regroupement hiérarchique descendant

Les systèmes d'indexation en locuteurs mettant en oeuvre de telles méthodes sont assez rares dans la littérature comparativement aux méthodes précédentes. Parmi les premiers travaux utilisant la C.H. descendante, on distingue ceux de Tranter et Reynolds (2004) dans le cas de l'indexation en locuteurs [103]. L'algorithme initialise la classification en plaçant l'ensemble des données dans une classe (la racine de l'arbre de classification). Cette classe est divisée en quatre sous-classes. A chaque itération, les sous-classes sont encore divisées jusqu'à obtenir des classes ne contenant qu'un seul objet (un seul locuteur). De telles méthodes utilisent la distance AHS (Arithmetic Harmonic Sphericity) [9] comme critère de division afin d'assigner les données aux différentes sous classes et le critère d'occupation minimal comme critère d'arrêt.

Autres méthodes de regroupement

Bien que les méthodes de regroupement hiérarchique ascendantes soient les plus usitées dans les systèmes d'indexation en locuteurs, on relève néanmoins dans la littérature des systèmes qui combinent les deux méthodes (approches ascendantes et descendantes) dans le but d'améliorer les performances. Dans ce cadre, on cite les travaux de Tranter 2005 [102] puis Moraru et al. 2004 [74] puis C. Fredouille et al. [41] dans lesquelles plusieurs stratégies de combinaisons des méthodes CH ascendantes et descendantes furent proposées dans le cas d'enregistrements audio radiodiffusées (Broadcast News) et de réunion (meetings data). Hormis les méthodes de C.H. selon ses deux approches et variantes, l'état de l'art fait mention d'autres techniques de regroupement qui n'appartiennent pas à cette classe de méthodes. Nous relevons notamment la contribution de Tsai et Wang en 2006 [106] qui met en oeuvre un algorithme itératif utilisant la programmation génétique. Il s'agit d'optimiser à chaque itération un critère du maximum de vraisemblance pour une certaine modélisation des données puis réadaption. Le critère BIC est utilisé pour la détermination du nombre optimal de locuteurs.

Une technique relativement nouvelle et originale pour le regroupement en locuteurs est la technique d'apprentissage bayésien variationelle cf. 2.5.4 proposée par F. Valente et Wellekens dans [110, 109, 108]. Cette technique permet conjointement la sélection d'un modèle et l'apprentissage des paramètres du modèle. La complexité des modèles appris avec cette technique s'adapte en fonction de la quantité des données d'apprentissage disponible. Notons enfin les travaux de Lapidot et al. [56] mettant en oeuvre les cartes auto-adaptatives (Self Organizing Maps) et la quantification vectorielle pour le regroupement en locuteurs, étant donné un nombre de locuteurs connu et fixé au préalable.

2.7 Méthodes Intégrées (détection de ruptures et regroupement)

Contrairement à l'approche développée plus haut, qualifiée d'*approche pas à pas* car les étapes de détection de ruptures et de regroupement sont distinctes et séquentielles, certains auteurs proposent une approche intégrée pour laquelle les étapes précédentes sont réalisées simultanément et au fur et à mesure du déroulement du fichier audio. L'approche de S. Meignier décrite dans [66, 69] est fondée sur la modélisation de la conversation par un Modèle de Markov Caché (Hidden Markov Models) qui évolue à chaque détection d'un nouveau locuteur (E-HMM). L'originalité de cette méthode itérative porte sur l'exploitation des informations (locuteurs détectés et segmentation provisoire disponible) en intégrant dans un même processus la détection de ruptures et la classification. Cette approche originale a obtenue des performances intéressantes lors des évaluations internationales NIST. D'autres travaux ont suivi empruntant la même philosophie, comme dans [2, 3, 114]. Le critère BIC est encore exploité dans ces travaux comme critère de regroupement et d'arrêt. Il est important de noter, que ces systèmes, ne se soumettent pas à la contrainte de choix empirique ou heuristique d'un seuil.

2.8 Evaluations des systèmes de segmentation en locuteurs : Outils, données et mesures de performances

L'évaluation des systèmes de segmentation en locuteurs est fonction de l'évaluation des résultats fournies par les méthodes mises en oeuvres dans de tels systèmes. L'évaluation de la segmentation "système" ou "hypothèse" doit logiquement se faire par rapport à une segmentation dite de référence. Nous présentons dans cette section les outils et méthodes d'évaluation des résultats de la segmentation.

2.8.1 De la nécessite d'une segmentation de référence

Suivant le type d'enregistrement audio considéré, les segmentations de référence sont construites par des méthodes manuelles ou automatiques. Il est cependant difficile de définir avec précision les frontières entre les segments de référence. Ceci est, dans le cas de segmentation manuelles, dû à l'imprécision de l'oreille humaine. Les respirations et soupirs des locuteurs, ainsi que les segments de parole commençant par des plosives sont autant de facteurs d'imprécision. De nombreux outils logiciels existent pour aider l'expérimentateur pour la réalisation d'une segmentation manuelle de référence, comme Transcriber ou Spiro[101]. Quant aux méthodes automatiques ou semi-automatiques, l'Institut Américain des Standards et Technologies [9] (NIST) [81]détermine les instants de référence comme le résultat d'un détecteur d'énergie appliqué à chaque canal d'enregistrement et fournit donc en sortie les segments de chaque locuteur. Pour palier les erreurs de positionnement des frontières entre les segments, on ignore généralement une plage temporelle de quelque centaines de millisecondes. Aussi, les segments d'un même locuteur séparés par un silence d'au plus 0.05 secondes sont fusionnés.

2.8.2 Évaluation de la qualité des méthodes de détection de rupture

Une bonne méthode de détection de changement de locuteur doit fournir les instants de ruptures précisément à la frontière entre deux locuteurs. Nous distinguons alors, deux types d'erreurs : Une **Fausse Alarme** (FA) a lieu lorsqu'un changement de locuteur est détecté alors que celui-ci n'existe pas dans la segmentation de référence. Une *Détection Manquée* (DM) à lieu lorsqu'un changement de locuteur existant en référence n'est pas détecté. Dans le contexte de l'indexation en locuteurs, les valeurs prises par ces deux types d'erreurs ne sont pas équivalentes : a savoir qu'un fort taux de DM (sous-segmenation) [10] est plus grave en conséquence pour le système global qu'un fort taux de FA [11](ou sur-segmentation). Ceci s'explique fort simplement en sachant qu'une rupture manquée l'est au fait définitivement alors qu'une rupture introduite fortuitement par la méthode peut être réduite lors de l'étape suivante de regroupement.

Nous définissons le Taux de Fausse Alarme (TFA) comme :

$$TFA = 100 \times \frac{\text{nombre de FA}}{\text{nombre de FA} + \text{nombre de changements réels}}\% \qquad (2.18)$$

---

[9] *National Institute for Standards and Technology*
[10] *under-segmentation*
[11] *over-segmentation*

Le Taux de Détection Manquée (TDM) est définie comme suit :

$$TDM = 100 \times \frac{\text{nombre de DM}}{\text{nombre de changements réels}}\% \qquad (2.19)$$

En général, on cherche toujours à construire des systèmes assurant de faibles valeurs de TFA et de TDM avec la contrainte que le TDM $\leq$ TFA, contrairement à l'objectif poursuivi du taux d'égale erreur (EER) [12].

Étant donné la nature imparfaite de la segmentation de référence, celle-ci introduit naturellement une tolérance sur les limites de segments de parole des différents locuteurs. Cette incertitude peut être prise en compte en définissant des intervalles de confiance autour des instants de référence. Ainsi, pour tester si un instant détecté par le système "hypothèse" est une FA ou une DM il faut scruter l'intervalle de confiance entourant cet instant "hypothèse" détecté ou l'instant de référence. Si autour de l'instant détecté aucun instant de référence ne s'y trouve alors c'est une FA. Par ailleurs, si autour d'un instant de référence aucun instant de rupture "hypothèse" n'est présent, alors cet instant de référence est une DM.

L'utilisation de telles intervalles de confiance ne fait pas l'unanimité et le vrai test pour juger de la qualité de segmentation reste l'écoute humaine de chaque segment de parole détecté.

les courbes DET et courbes ROC

Traditionnellement les courbes ROC (Reciever Operator Characteristics) ont été les plus utilisées pour l'évaluation de méthodes de détection de rupture. Elles traduisent le TDM en fonction du TFA lorsque le seuil de détection varie. Les courbes DET (**D**etection **E**rror Tradeoff) est une courbe qui permet de mesurer un compromis entre le TFA et le TDM par réglage du seuil de décision. Celle-ci indique le TDM en fonction du TFA lorsque le seuil de détection varie-voir graphe. L'échelle utilisée est telle qu'elle permette de bien distinguer le comportement du système de détection, surtout lors de la comparaison de systèmes. Plus la courbe se rapproche de l'origine plus elle reflète de meilleures performances du système. En effet, lorsqu'on déplace le seuil vers le haut, le TFA diminue tout en augmentant le TDM. Lorsqu'on abaisse le seuil c'est le TFA qui augmente mais le TDM diminue. Ainsi à chaque valeur du seuil, on calcul un couple de valeurs (TFA,TDM) qui détermine un point de fonctionnement particulier du système. La courbe DET permet ainsi de visualiser les différents points de fonctionnement du système de détection. Un point de fonctionnement remarquable est le le taux d'égale

---

[12] *EER : Equal Error Rate*

erreur (EER) qui permet souvent de comparer des systèmes différents. Les courbes ROC et DET sont équivalentes, cependant l'échelle en déviation gaussienne utilisée pour les courbes DET en permet une meilleure lisibilité [62, 79]. Le lecteur intéressé par de plus amples détails sur les mesures de confiance en traitement automatique de la parole et ses applications pourrait se référer à la thèse de Julie Mauclair [63].

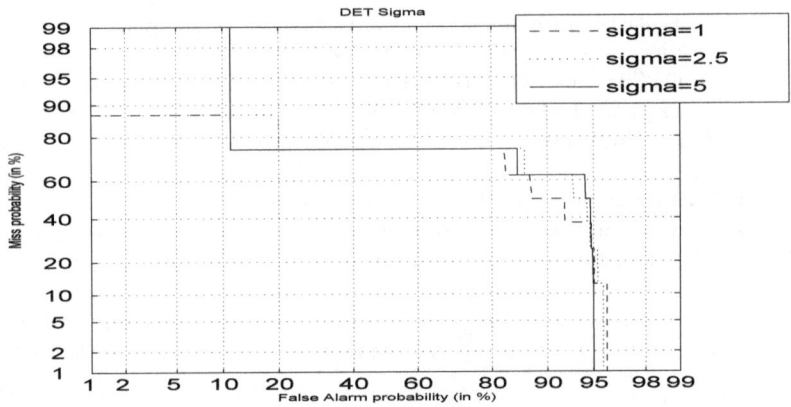

les courbes précision et rappel

Les métriques de précision et rappel sont utilisées principalement dans le domaine de la recherche d'informations et documentaires [54, 63] pour évaluer les performances d'un système. Le rappel mesure la capacité d'un système à sélectionner les hypothèses pertinentes et se définit comme :

$$\text{Rappel}(acceptation/rejet) = \frac{\text{Nombre de mots correctement acceptés/rejetés}}{\text{Nombre total de mots réellement corrects/incorrects}}$$
(2.20)

La précision mesure la capacité d'un système à rejeter les hypothèses non pertinentes :

$$\text{Précision}(acceptation/rejet) = \frac{\text{Nombre de mots correctement acceptés/rejetés}}{\text{Nombre total de mots acceptés/rejetés}}$$
(2.21)

La combinaison par moyenne harmonique de ces deux métriques s'appelle la F-mesure :

$$F = \frac{2*\text{Précision}*\text{Rappel}}{\text{Précision} + \text{Rappel}} \tag{2.22}$$

2.8.3 Évaluation de la qualité des méthodes de regroupement

Les critères de qualité d'une méthode de regroupement sont telles que :

- On doit avoir autant de groupes de segments que de locuteurs présents dans la conversation.

- Chaque groupe de segments ne doit contenir que les segments de parole relatifs à un même locuteur, et conjointement, toutes les interventions de ce locuteur doivent se retrouver dans un même groupe de segments.

2.8.4 Évaluation du nombre de locuteurs

Il s'agit de mesurer la différence en nombre de locuteurs entre la segmentation de référence et la segmentation "hypothèse" [64]. Une mesure assez simple est d'évaluer la quantité :

$$E_{loc} = \sum_{k=1}^{K} \mid N_{X_k}^{hyp} - N_{X_k}^{ref} \mid \tag{2.23}$$

avec $N_{X_k}^{hyp}$ le nombre de locuteurs dans la segmentation hypothèse et $N_{X_k}^{ref}$ le nombre de locuteurs dans la segmentation de référence pour un document X_k pour un corpus qui en compte K documents. Cette moyenne en valeur absolue n'indique pas au fait la source du déséquilibre entre le nombre de locuteurs système et ceux de référence. Pour résoudre ce problème, certains auteurs proposent de s'intéresser à la répartition des locuteurs détectés plutôt qu'au nombre réel de locuteurs.

2.8.5 Évaluation de la pureté des classes

La deuxième condition, peut être évaluée en considérant la pureté de chaque groupe de segments (appelée classe) par rapport au nombre total de segments obtenus. Soit $n_{i,j}$ le nombre de segments du groupe i prononcés par le locuteur j et n_i le nombre total de segments contenus dans le groupe i. La pureté $p_{,i}$ du groupe de segments i (classe i) peut se définir [23] :

$$p_{\infty,i} = 100 \times \frac{\text{Nbre de segments du locuteur majoritaire k}}{\text{Nbe total de segments contenu dans le groupe i}}\% \qquad (2.24)$$

$$p_{\infty,i} = 100 \times \frac{n_{i,k}}{n_i}\% \qquad (2.25)$$

Le terme $p_{\infty,i}$ renseigne sur la proportion qu'occupe le locuteur majoritaire k au sein du groupe i, il en définit ainsi la pureté. Certains auteurs préfèrent utiliser une autre définition de la pureté, qui en utilisant les mêmes notations s'écrit :

$$p_{2,i} = 100 \times \sum_j \frac{n_{i,j}^2}{n_i^2}\% = 100 \times \sum_j (\frac{n_{i,j}}{n_i})^2\% \qquad (2.26)$$

En général on peut définir la pureté du type L^l comme :

$$p_{l,i} = 100 \times \sum_j (\frac{n_{i,j}}{n_i})^l \% \qquad (2.27)$$

Le terme $p_{2,i}$ représente la probabilité que deux segments choisis aléatoirement dans le groupe i *(classe i)* proviennent du même locuteur. Ainsi, le terme $p_{l,i}$ représente la probabilité que l segments pris aléatoirement dans le groupe i proviennent du même locuteur.

Selon ce raisonnement on comprend aisément la signification de $p_{\infty,i}$ qui représente ainsi la probabilité que tous les segments du groupe i proviennent du même locuteur. Ce que traduit alors, l'équation :

$$\lim_{l \to \infty} (P_{l,i})^{\frac{1}{l}} = p_{\infty,i} \qquad (2.28)$$

Les puretés $p_{\infty,i}$ et $p_{2,i}$ sont égales et de valeur 1 lorsqu'on a un seul locuteur dans le groupe i [23]. Lorsque les locuteurs (au nombre supérieur ou égale à deux) sont de présence équiprobables au sein d'un même groupe, ces deux puretés sont aussi égale et de valeur égale à la proportion qu'occupe chaque locuteur dans le groupe.

Il est démontre dans [23] que $p_{2,i}$ renseigne sur la répartition des segments appartenant aux locuteurs non majoritaires dans le groupe i. Pour notre part, nous adoptons les définitions de P. Delacourt [23], pour le calcul de la pureté $p_{\infty,i}$ dont l'interprétation est plus intuitive et adaptée au contexte de l'indexation en locuteur :

$$p_{\infty,i} = 100 \times \frac{\text{Nbre de trames du locuteur majoritaire k}}{\text{Nbe total de trames contenu dans le groupe i}} \% \qquad (2.29)$$

$$p_{2,i} = 100 \times \sum_j (\frac{\text{Nbre de trames du groupe i prononcés par le locuteur j}}{\text{Nbe total de trames contenu dans le groupe i}})^2 \% \qquad (2.30)$$

Ces deux définitions remplacent les nombres de segments par le nombre de trames [13], ce qui permet d'avoir une idée plus juste de la notion de pureté d'un segment. Deux approches sont possibles selon que l'on dispose ou pas d'une segmentation de référence. Dans le premier cas, Solomonoff propose une estimation à priori dans [97]. Dans le second cas, Delacourt propose une estimation des puretés selon une approche à posteriori [23]. Cette approche donne des résultats meilleures, comme nous allons le montrer dans la partie expérimentale.

2.8.6 Évaluation du Système de segmentation en locuteurs

Comme nous l'avons préalablement souligné, un système d'indexation en locuteur comprends au moins deux étages essentielles qui peuvent se présenter séquentiellement ou d'une façon intégrée détection de ruptures et regroupement). Aussi, au lieu d'évaluer chaque étage indépendemment de l'autre, il existe d'autres méthodes qui consistent à évaluer l'ensemble du système de segmentation. Parmi les critères de qualité d'un système de segmentation on relève :

- Le nombre de locuteurs de la segmentation "hypothèse" est identique au nombre de locuteurs de la segmentation de référence
- Les changements de locuteurs sont correctement détectés
- Les segments de parole sont affectés au "bon" locuteur
- Seules les zones de parole sont segmentés
- Les zones contenant plusieurs locuteurs sont correctement détectés et affectés aux locuteurs correspondants.

---

[13]Il est bien entendu qu'un segment peut conteir plusieurs trames (plusieurs v.a.)

2.8.7   campagnes d'évaluations NIST

L'institut NIST organise, depuis 1996, annuellement des campagnes d'évaluation des méthodes de **R**econnaissance **A**utomatique du **L**ocuteur (RAL) ouvertes pour tout laboratoire de recherche public ou privé [80]. Ces campagnes tendent à devenir une référence et un challenge pour les chercheurs du domaine tout autant que le sont les publications dans les journaux spécialisés. Les objectifs poursuivi par les organisateurs sont, entre autres :

- Mesurer les performances de nouvelles méthodes en RAL
- Explorer de nouveaux concepts en RAL
- Orienter la recherche vers de nouvelles pistes en RAL
- La rencontre des spécialistes du domaine.

En général, ces campagnes annuelles sont thématiques et orientées vers une nouvelle problématique en RAL ou vers la résolution d'un problème spécifique (durée d'enregistrement, variations entre sessions d'enregistrement ou variations des lignes ou combinées téléphoniques, ...). Les campagnes NIST se déroulement généralement en trois phases : Le première est dédiée à la définitions des tâches et à la spécification des conditions et protocole d'évaluation des systèmes. Durant cette phase l'institut NIST met à la disposition des participants gratuitement les données de développement servant à l'entraînement et au réglage des paramètres des systèmes. Durant la seconde phase, les laboratoires participants reçoivent les données à évaluer (données test). Il leur est alors demandé de retourner leurs résultats vers NIST dans un intervalle de quatre à cinq semaines. Enfin la troisième phase est consacrée à une réunion entre tous les participants, organisateurs et sponsors pour présenter les différents systèmes et débattre des résultats obtenus.

Définition des tâches proposées

Depuis son lancement la tâche principale des campagnes NIST est la détection de locuteurs . A l'heure actuelle cette tâche a évolué et se décline en plusieurs versions :

- Vérification du locuteur dans un enregistrement mono-locuteur (One Speaker detection NIST1996) : Elle consiste à vérifier si un locuteur cible parle dans un enregistrement mono-locuteur donné (enregistrement ou locuteur test). Le système dispose d'un échantillon de la voix du locuteur cible, il s'agit alors de décider si le locuteur cible correspond ou pas au locuteur test. La réponse du système est d'accepter ou rejeter l'identité proclamée.

– Vérification du locuteur dans un enregistrement bi-locuteurs (Two Speaker detection NIST1999) : Cette tâche est identique à la précédente, cependant les enregistrements utilisés en test sont des conversations téléphoniques bi-locuteurs. Le système dispose seulement de l'échantillon de voix d'un locuteur cible (enregistrement mono-locuteur). Le système propose en sortie l'acceptation ou le rejet de l'identité proclamée. Dans le cas où l'identité proclamée est acceptée, il n'est pas exigé par NIST de préciser les instants de la conversation pendant lesquelles le locuteur cible parle. Depuis 2002, une extension de cette tâche permet d'entraîner le système sur deux ou trois enregistrements bi-locuteurs contenant le locuteur cible. Ceci permet de disposer d'un modèle plus fiable du locuteur cible.

– Suivi du locuteur (Speaker Tracking NIST 1999 à 2001) : Cette tâche consiste, comme dans (Two speaker detection étendu) à déterminer si un locuteur cible intervient dans une conversation téléphonique en demander au système de préciser les segments où le locuteur cible intervient.

– Segmentation en locuteurs (Speaker Diarization NIST 2000) : La définition de cette tâche et les hypothèses d'expériences ont été précisés dans les sections 2.4. Dans le cadre des évaluations, le nombre de locuteurs peut être compris entre 1 et 2 (tâche appelée *2-segmentation*) ou entre 1 et N_{spkr} pour des tâches de *n-segmentation*. Les résultats des systèmes "hypothèse" rendus par les participants sont évalués par rapport à une métrique définie par NIST que nous détaillons dans la section suivante.

Lors d'une campagne d'évaluation, plusieurs autres tâches sont proposées, nous n'avons relatés que celles liées directement ou pas à l'indexation en locuteurs. Les campagnes concernées par une segmentation en locuteur sont référencées par "**Rich Transcription**" (Transcription de fichiers sonores enrichie par des informations sur une clé d'index particulière comme le locuteur) suivie du l'année d'évaluation et de la période de lancement comme par exemple RT'03S ou RT'04F pour désigner les campagnes RT lancées pendant les années 2003 (en printemps) et 2004 (en automne). L'objectif des transcriptions enrichies est d'obtenir une représentation structurée des données et par suite une transcription lisible du document sonore en vue d'une extraction aisée des informations.

Sources d'enregistrement : CTS, BN ou Meetings

Il est aussi important de préciser que les tâches proposées durant les campagnes d'évaluations NIST opèrent sur des données provenant de sources acoustiques diverses, comme les conversations téléphoniques (**C**onversational **T**elephone **S**peech, enregistrements radiodiffusés (**B**roadcast **N**ews) ou enregistrements de réunions (Meetings)). Il faut souligner que la difficulté d'une tâche peut varier selon la nature de l'enregistrement.

La mesure NIST "DER"

A l'occasion de la campagne d'évaluation RT'03S (Rich Transcription Spring compaing 2003) [81] dédiée à la segmentation en locuteurs, l'institut américain NIST introduit une mesure d'évaluation appelée "Diarization Error Rate" afin de quantifier les performances de différents systèmes de segmentation en locuteurs. Cette mesure est évaluée au travers d'un script en langage Perl fourni aux participants. Ces derniers doivent présenter la sortie de leursystème formatée selon un modèle établi par les organisateurs de la Campagne NIST. Ainsi les segments de locuteurs sont repérés par des étiquettes (labels) ou identificateurs et ne portent pas nécessairement des noms de locuteurs.

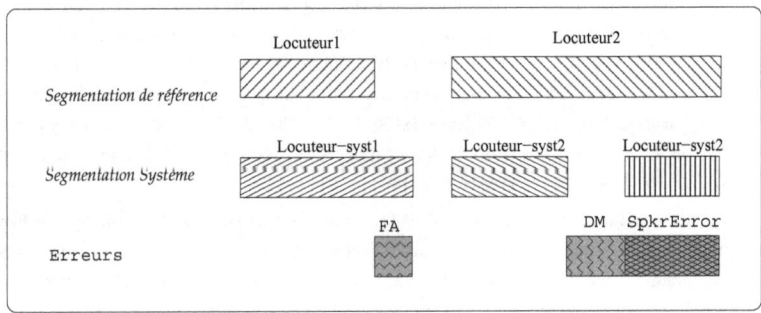

FIG. 2.9 – Description de l'erreur NIST **D**iarization **E**rror **R**ate

Le programme en langage Perl *spkrsegeval _ v21.pl* réalise une correspondance ou "mapping" un à un des identificateurs (ou labels) des locuteurs de la segmentation de référence par rapport à ceux issus du système à évaluer. Elle se définit par l'expression suivante :

$$DER = \frac{\sum_{s=1}^{S} dur(s)\{\max(N_{ref}(s), N_{hyp}(s)) - N_{correct}(s)\}}{\sum_{s=1}^{S} dur(s)N_{ref}(s)}$$
(2.31)

avec *dur(s)* est la durée d'un segment de parole d'un locuteur. S est le nombre total de segments de locuteurs. $N_{ref}(s)$ est le nombre de locuteurs de référence contenus dans le segment s. $N_{hyp}(s)$ est le nombre de locuteurs détectés par le système contenus dans le segment s. $N_{correct}(s)$ est le nombre de locuteurs intervenant dans le segment s ayant été correctement identifiés par rapport à la référence. Notons, que dans cette mesure les segments étiquetés non parole sont considérés ne contenant aucun locuteur. Cette erreur peut être décomposée selon les sources de différentes erreurs comme suit voir figure voir figure 2.9. Cette mesure est exprimée en termes de Fausse Alarme (FA) et de Détection Manquée (DM) et d'Erreur Locuteur (SpkrError) et d'erreurs confondues :

$$DER = \text{erreur de FA} + \text{Erreur de DM} + \text{ErreurLocuteur (SpkrError)} + \text{erreurs confondues}$$
$$(2.32)$$

– Erreur Locuteur (SpkrError) : est la proportion du temps traité (scoré), alloué à un locuteur détecté par le système, mais qui ne se recouvre ni partiellement ni totalement avec un locuteur de référence dans le segment considéré.

$$SpkrError = \frac{\sum_{s=1}^{S} dur(s)\{\min(N_{ref}(s), N_{hyp}(s)) - N_{correct}(s)\}}{\sum_{s=1}^{S} dur(s)N_{ref}(s)} \qquad (2.33)$$

Le dénominateur représente le temps total scoré.

– Erreur de FA : Il représente un pourcentage du temps traité, attribué à un locuteur détecté par le système qui ne se recouvre pas avec le temps de parole attribué à son correspondant référence. C'est ce temps attribué au système mais ne correspond pas à la parole d'un locuteur de référence qui est comptabilisé. Elle se définit comme :

$$FA = \frac{\sum_{s=1}^{S} dur(s)(N_{hyp}(s) - N_{ref}(s))}{\sum_{s=1}^{S} dur(s)N_{ref}(s)} \quad \forall \ (N_{hyp}(s) - N_{ref}(s)) > 0 \qquad (2.34)$$

– Erreur DM : C'est la proportion du temps traité (scored speech time) attribué à un locuteur de référence mais qui ne se recouvre pas avec le temps de parole "manquant" de son correspondant "hypothèse" détecté par le système. C'est ce temps manquant attribué à la référence et qui ne se retrouve pas dans la référence qui est comptabilisé.

$$DM = \frac{\sum_{s=1}^{S} dur(s)(N_{ref}(s) - N_{hyp}(s))}{\sum_{s=1}^{S} dur(s)N_{ref}(s)} \quad \forall \ (N_{ref}(s) - N_{hyp}(s)) > 0 \qquad (2.35)$$

– Erreurs de recouvrement : Ces erreurs se produisent lorsque aucune correspondance entre les locuteurs "hypothèse" et ceux de la référence n'est possible. Ce genre d'erreurs est en général confondu avec une FA ou une DM.

Il est important de noter que pour pallier aux erreurs systématiques possibles dans la segmentation de référence, NIST à prévu un intervalle d'incertitude de 250 millisecondes autour de chaque instant de rupture. Il a été également prévu que les erreurs issues de segments qui englobent des locuteurs dont les interventions se recouvrent soient considérés comme des erreurs de DM. [81].

Bases de Données NIST

Les données utilisées lors des campagnes d'évaluation sont sélectionnées par les organisateurs de NIST en fonction des thèmes concernés et visés par la campagne. Les données de développement (Dry run data) , dédiées à l'entraînement des systèmes ainsi que les données de d'évaluation (Evaluation data) ou données test ne sont pas produites par NIST mais plutôt par des organismes comme le LDC (Linguistic Data Consortium)[57]. Dans le cas de l'indexation en locuteur, de signaux BN (émissions radiodiffusées) les données concernées sont celles liées aux campagnes RT'03S et RT'04F [81, 82]. La description détaillé de ces corpus sera donnée dans le chapitre dédié aux expériences. Depuis 2005, la tendance des campagnes d'évaluation est orientée plutôt vers les données de réunions (meeting data) [70].

2.8.8 Campagnes d'évaluations ESTER

L'objectif de la campagne ESTER (Évaluation des Systèmes de Transcription Enrichie d'émissionsRadiophoniques) [14] [44] est l'évaluation de performances des systèmes de transcription d'émissions radiophoniques en langue française. Cette campagne est organisée dans le cadre du projet EVALDA par l'Association Francophone de la Communication Parlée (AFCP), et l'Agence pour l'évaluation et les ressources linguistiques (ELDA) et autres organismes étatiques français.

Les émissions comportent des segments de paroles lues (Phase1) et des segments de parole spontanée (Phase 2) (interviews, débats, conversations téléphoniques). Pour la phase 1 (phase conduisant à une évaluation non officielle, l'évaluation s'articule autour de deux tâches : l'évaluation des systèmes de transcription orthographique de parole et la tâche de segmentation qui vise à évaluer les systèmes de suivi d'évènements sonores ou de locuteurs. La phase 2 (phase d'évaluation officielle) inclue en plus la tâche de recherche d'informations.

---

[14]http ://www.afcp-parole.org/ester/

On distingue trois catégories de tâches :

– La Transcription orthographique (TRS, TTR) : Il s'agit de proposer une transcription orthographique de l'émission radiophonique en temps réel (TTR) ou en temps différé (TRS). Pour évaluer cette tâche, le taux d'erreur mot (World error Rate) est calculé.

– La segmentation en évènements sonores : cette tâche vise à à la détection et au regroupement d'évènements sonores. Elle comporte les sous-tâches suivantes

1. SES : le suivi d'évènements sonores
2. SRL : Segmentation et regroupement de locuteurs
3. SVL : Suivi de locuteurs

– l'extraction d'informations de haut niveau :Elle comporte

1. La détection d'entités nommées
2. La segmentation thématique du document
3. Le suivi thématique
4. Une tâche de Question-Réponse

Dans le cadre de cette thèse notre intérêt s'est focalisé sur la tâche SRL.

Bases de Données ESTER

Les différents corpora (données de développement et données d'évaluation) ainsi que le package d'évaluation contenant les protocoles et outils de mesure de performances sont diffusés par ELDA [30, 29]. Le corpus est constitué de fichiers audio (en format wav) accompagnés de leur transcription détaillée (.trs). Il y a 50 fichiers sonores avec leurs transcriptions (pour la construction des segmentations de référence) pour un total de 40 heures. Pour la phase 1, les données de développement comportent 6 fichiers pour un total de 4h40. Les données de test (ou évaluation) comportent aussi 6 fichiers audio pour un total de 4h40. Le corpus englobe également 38 fichiers de courte durée pour la phase d'apprentissage pour un total de 30h40.

2.9 Discussions en vue du choix d'une méthode de référence

Suivant l'étude sur l'état de l'art des méthodes de segmentation en locuteurs, nous avons observé que les principales méthodes qui composent les systèmes d'indexation en locuteurs reposent sur une paramétrisation acoustique par coefficients cepstraux selon une échelle Mel (MFCC) combinés avec leurs versions dynamiques au premier et second degré, et une prise de décision selon le Rapport de Vraisemblance Généralisé (RVG) suivi d'une classification hiérarchique agglomérative. Le critère BIC est souvent présent à toutes les étapes de l'indexation, car il peut être utilisé comme un critère de sélection de modèles ou comme une mesure de distance. La plupart des systèmes existants utilisent le critère BIC pour les étapes de détection de rupture et /ou de regroupement, et ceci permet d'en amélioer les performances. Ceci est du, à notre avis, à sa simplicité de mise en oeuvre et à la modélisation gaussienne sous-jacente. Pour ces raisons, nous avons implémente un système proche de l'état de l'art mettant en oeuvre la méthode DISTBIC avec une modification au niveau de la prise de décision sur la courbe des distances. La paramétrisation acoustique utilisée est hétérogène et de taille variable cf. (partie expérimentale).

2.10   Conclusions

Nous venons de décrire dans ce chapitre, un état de l'art des méthodes de segmentation en locuteur. Nous avons passé en revue leur principes théoriques et les mesures d'évaluations de performances utilisées. Nous avons détaillé les différentes étapes mises en oeuvre dans les systèmes d'indexation en locuteur. Nous avons enfin discuté des raisons d'adoption d'une méthode référence afin de mener une étude comparative avec l'approche originale que nous proposons dans cette thèse.

Cette synthèse bibliographique a montré que les performances des méthodes d'indexation dépendent principalement de l'espace de représentation des données et de la mesure de similarité adoptée pour évaluer la resemblance entre des ensembles de données. C'est pourquoi nous abordons dans le chapitre suivant les méthodes de traitement de signal ayant pour objectif de fournir la séquence de descripteurs acoustiques constituant le signal sur lequel opèrent les méthodes décrites dans ce chapitre.

Chapitre 3

Descripteurs audio caractéristiques du locuteur

3.1 Introduction

La paramétrisation acoustique constitue le premier maillon d'une chaîne de traitements du signal de parole dont elle conditionne souvent les performances. De nombreux travaux y ont été consacrés et suscite encore l'engouement et la passion de nombreux chercheurs en indexation automatique de signaux audio.

L'objectif est la description des outils et méthodes de paramétrisation acoustique. Nous en rappelons le principe général partagé par les différentes classes des méthodes de paramétrisation et nous détaillons en particulier une méthode unifiée de paramétrisation acoustique appelée analyse en composantes principales de paramètres temps-fréquence. Nous abordons aussi la technique de combinaison de descripteurs et son influence sur la qualité des performances d'indexation.

3.2 Principe général de la paramétrisation

Le signal sonore n'est pas exploité directement mais découpé en fenêtres ou trames (généralement de 10 à 30 ms) pour lesquelles une analyse temps/fréquence à court terme est effectuée. Chaque fenêtre est alors représentée par un vecteur acoustique, dont le nombre et le type de composantes dépend du type de l'analyse temps/fréquence effectuée. Ce calcul s'effectue généralement à une cadence périodique, en général toutes les 10 ms.

A l'issue de l'étape de paramétrisation on obtient un ensemble de vecteurs qui constitue désormais le "nouveau signal" devant subir la suite des traitements. Pratiquement ce signal est une matrice dont le nombre de lignes est le nombre de composantes de chaque vecteur et le nombre de colonnes est le nombre de vecteurs représentant le signal sonore objet de notre analyse.

Une des conséquences importantes de cette paramétrisation est manifestement la réduction des données et la suppression de redondances présents dans le signal de parole.

On distingue trois grandes classes de paramètres acoustiques (ou informations de bas niveau) :

- Paramètres Spectraux : ces derniers caractérisent en général l'appareil phonatoire de l'individu. Parmi les paramètres étudiées dans la littérature on citera ceux généralement adoptés en reconnaissance du locuteur. Pour de plus amples détails, le lecteur est renvoyé vers [40] :
  a) coefficients cepstraux issus d'une analyse en bancs de filtres : LFCC (Linear Frequency Ceptral Coefficients) ou MFCC (Mel Frequency Cepstral Coefficients).
  b) coefficients spectraux issus d'une analyse en bancs de filtres (énergie du signal dans différentes bandes de fréquences) : LFSC (Linear Frequency Spectral Coefficients) ou MFSC (Mel Frequency Spectral Coefficients).
  c) coefficients issus d'une analyse par prédiction linéaire : LPC (Linear Predictive Coefficients) ou LPCC (Linear Predictive Cepstral Coefficients).
- Paramètre prosodiques : Les paramètres tels que la vitesse d'élocution (débit), la durée et fréquence des pauses, la fréquence fondamentale et le taux de voisement sont certes caractéristiques du locuteur mais pas suffisamment discriminants pour suffire seuls. ils doivent par conséquent être associés aux paramètres de l'analyse spectrale.
- Paramètres dynamiques :Les plus connus et répandus sont les coefficients dérivées premières et secondes des vecteurs de paramètres instantanées appelés respectivement coefficients Delta et Delta-Delta.[13, 40]. D'autre paramétrisations sont proposées dans ce cadre, comme la concaténation de trames successives du signal [40], les paramètres issues d'une analyse temps-fréquence [36, 38, 37] et les composantes principales temps-fréquence [15, 17]. Cette dernière paramétrisation à étéétudiée et exploitée en détail dans cette thèse.

3.2.1 descripteurs statiques et dynamiques

Les descripteurs acoustiques caractéristiques du locuteur peuvent être classées en deux classes [40, 12] :

1. Les descripteurs statiques comme les paramètres spectraux caractéristiques du conduit vocal et nasal, la fréquence fondamentale et ses variations et les paramètres prosodiques.

2. Les descripteurs dynamiques caractéristiques des phénomènes de co-articulation, les trajectoires formantiques et les informations temporelles (vitesse d'élocution et distribution des pauses).

Les traitements associés à ces deux types d'informations véhiculé par le signal de parole sont aussi différents que leurs sources. Les informations de nature dynamique sont très complexes, comme le témoigne les travaux portés dans [40]. Ces travaux témoignent aussi de l'intérêt portés à ces informations comme complément indispensable aux informations de nature statique. Un système d'indexation en locuteur se doit d'inclure ces deux types de descripteurs afin d'améliorer ses performances. Cet engouement est cependant tempéré par la complexité algorithmique liés au traitement des ces descripteurs

Cette complexité est localisée au niveau du choix de la taille de la fenêtre temporelle, glissant le long du signal. Celle-ci doit assurer un compromis entre la quantité de données à traiter et la capture des informations dynamiques contenues dans cet empan temporel (taille de la fenêtre temporelle).

3.3 Traitement des descripteurs dynamiques

La littérature présente deux grandes catégories des méthodes de traitement des informations dynamiques :

1. Les méthodes appliquées durant la phase de paramétrisation
2. Les méthodes appliquées durant la phase de modélisation.

Nous détaillerons principalement la première famille de méthodes.

Soit un signal de parole représenté par une suite de N vecteurs acoustiques $\{x_t\}_{1 \leq t \leq N}$. Chaque vecteur, de dimension p représente une trame du signal . Pour le traitement des descripteurs dynamiques, une fenêtre temporelle est définie par (voir figure) :

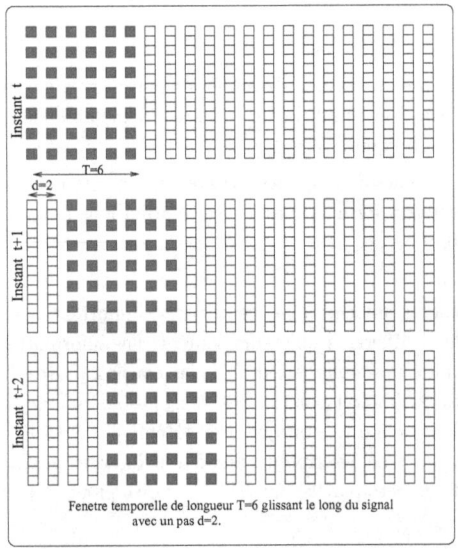

FIG. 3.1 – Exemple d'une séquence de vecteurs acoustiques glissant le long du signal. la figure montre un empan temporel T=6 trames et un pas de déplacement d=2.

- $\{x_k\}_{t \leq k \leq t+T}$. la séquence de vecteurs acoustiques à l'instant t ;
- T la taille fixe de la fenêtre en nombre de trames ;
- *pas* le déplacement en nombre de trames, de la fenêtre. Un recouvrement entre deux trames consécutifs est souvent réalisé.

On distingue deux approches principales pour le traitement des informations dynamiques durant la phase de paramétrisation acoustique : La première consiste à appliquer une fonction g sur la séquence de vecteurs $\{x_k\}_{t \leq k \leq t+T}$. Il en résulte un vecteur de coefficients dynamiques. C'est le cas lors du calcul des dérivées des coefficients instantanés. La deuxième approche consiste à prendre en compte toute la fenêtre temporelle sans extraire explicitement les coefficients dynamiques mais à réaliser la concaténation des ces trames- voir figure 3.1.

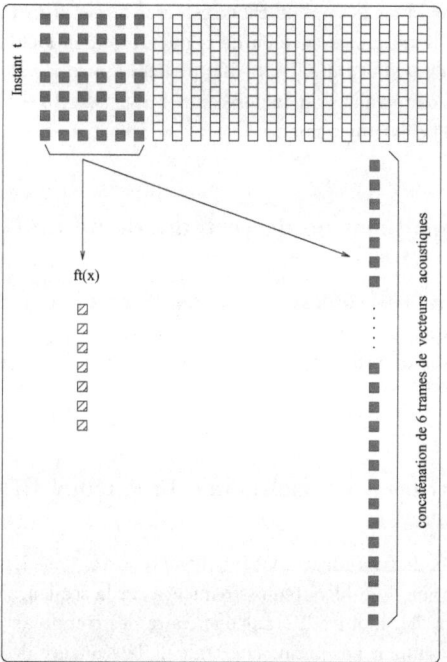

FIG. 3.2 – Deux approches pour la détermination de descripteurs acoustiques dynamiques

3.3.1 Calcul des coefficients Delta/Delta-Delta

Historiquement ce calcul est dû aux travaux de Furui [42]. Il repose sur une approximation des dérivées premières et secondes (Delta et Delta-Delta) obtenus à l'aide de fonctions polynômiales appliquées d'abord sur les coefficients à dériver pour obtenir les coefficients Delta puis sur la première dérivée pour obtenir les coefficients Delta-Delta.

$$\frac{\delta c(t)}{\delta t} \approx \triangle c(t) = \frac{\sum_{i=-K}^{K} c(t+i)}{\sum_{i=-K}^{K} i^2} \tag{3.1}$$

avec c(t) représente le coefficient à dériver, $\triangle c(t)$ désigne le coefficient Delta et le terme K est un entier relatif qui représente la taille de la fenêtre temporelle de longueur

2K + 1. Ce paramètre dont le choix est crucial car il conditionne les performances des systèmes de reconnaissance ou de segmentation en locuteurs a fait l'objet de plusieurs études expérimentales [98, 8] afin de déterminer sa valeur optimale. Ces travaux montrent que cette valeur est incluse dans l'intervalle {3 − 5} et montrent ainsi l'efficacité des coefficients dynamiques.

3.3.2 Concaténation de vecteurs de paramètres instantanés

Les travaux reportés dans [50, 47] consistent à construire un vecteur acoustique étendu en concaténant les vecteurs de paramètres $\{x_k\}_{t \leq k \leq t+T}$. de la fenêtre temporelle. Contrairement à la technique précédente aucune transformation des coefficients n'étant appliqué.

3.3.3 Filtrage vectoriel :Time-Frequency Principal Component

Les travaux de Ivan Magrin-Chagnolleau reportés dans [15, 17] reposent sur le principe d'application d'un filtre temps-fréquence sur la séquence de vecteurs composant la fenêtre temporelle. L'objectif étant d'extraire des composantes dynamiques spécifique du locuteur résumant l'évolution spectrale de la séquence de vecteurs $\{x_k\}$.

Principe des TFPC

Étant donné une séquence de vecteurs acoustiques spectraux $\{x(t)\}_{1 \leq t \leq T}$ dont chaque composant est un vecteur de dimension p. Ainsi on dispose de T observations de d composantes spectrale, soit une matrice de p lignes par T colonnes (ou T lignes par p colonnes).

Soit $\left\{X_{t-q}^{t+q}\right\}_{1 \leq t \leq T}$ la séquence de vecteurs étendue obtenue à partir de la séquence $\{x(t)\}_{1 \leq t \leq T}$ comme suit :

$$\left\{X_{t-q}^{t+q}\right\} = (x_{t+q}...x_t...x_{t-q})' \tag{3.2}$$

avec $X_t = 0$ si t<0 ou t>T. Avec t est l'instant courant ; T le nombre total de vecteurs spectraux et q est le paramètre de contexte spécifié par l'utilisateur.

Pratiquement, il s'agit de faire entourer chaque vecteur acoustique de la séquence $\{x(t)\}$ à un instant t par q vecteurs précedeurs et q vecteurs successeurs immédiats.

Pour plus de clarté prenons un exemple : On fixe les valeurs T= 4, q=1 et p=6. Ainsi :
$\{x(t)\}_{1 \leq t \leq T} = \{x_1, x_2, x_3, x_4\}$ et
$\{X_{t-q}^{t+q}\}_{1 \leq t \leq T} = \{x_0, x_1, x_2\} \{x_1, x_2, x_3\} \{x_2, x_3, x_4\} \{x_3, x_4, x_5\}$
Or par convention $X_t = 0$ si t $\leq$ 0 ou t> T d'où la séquence de vecteurs étendus :

$$\{X_{t-1}^{t+1}\} = \underbrace{\{0 \ x_1 \ x_2\}}_{t_1} \ \underbrace{\{x_1 \ x_2 \ x_3\}}_{t_2} \ \underbrace{\{x_2 \ x_3 \ x_4\}}_{t_3} \ \underbrace{\{x_3 \ x_4 \ 0\}}_{t_4} \tag{3.3}$$

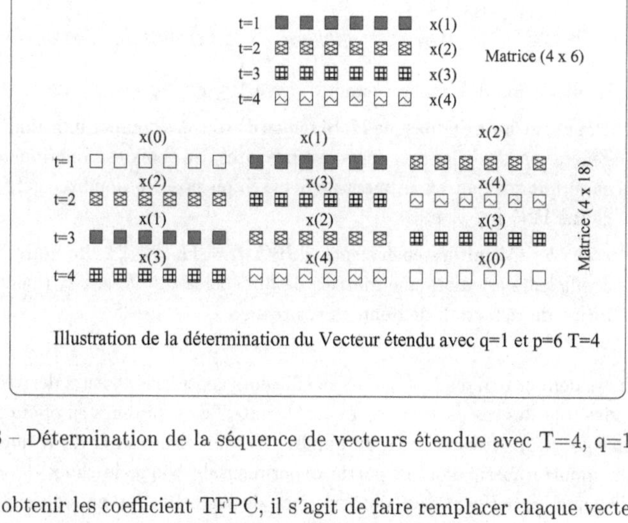

Illustration de la détermination du Vecteur étendu avec q=1 et p=6 T=4

FIG. 3.3 – Détermination de la séquence de vecteurs étendue avec T=4, q=1 et p=6.

Pour obtenir les coefficient TFPC, il s'agit de faire remplacer chaque vecteur acoustique $\{x_t\}_{1 \leq t \leq T}$ par un vecteur acoustique $\{f_t\}_{1 \leq t \leq T}$ tel que :

$$\mathcal{H} \ : \ (\mathcal{R}^p)^{2q+1} \longrightarrow \mathcal{R}^r$$
$$\{X_{t-q}^{t+q}\} \longmapsto f_t = \mathcal{H}(X_{t-q}^{t+q}) \tag{3.4}$$

Il faut alors évaluer la matrice de filtrage $\mathcal{H}$.

3.3.4 Algorithme TFPC

- *étape 1* Choisir une valeur de q puis former la matrice des vecteurs étendues $\{X_{t-q}^{t+q}\}$

- *étape 2* Calcul de la matrice de covariance contextuelle : Il s'agit de calculer la matrice de covariance du vecteur étendu $\{X_{t-q}^{t+q}\}$. On obtient alors une matrice $\mathcal{M}$ carré de dimension (2q+1)p × (2q+1)p.

- *étape 3* Application d'une Analyse en Composantes Principale sur cette matrice de covariance contextuelle. On extrait alors les matrices vecteurs propres V_{2q+1} et valeurs propres A_{2q+1}, de même dimension que la matrice $\mathcal{M}$ tel que :

$$
\begin{aligned}
V_{2q+1} &= (v_1, ..., v_{2q+1}) \\
V'_{2q+1}.V_{2q+1} &= I_{2q+1} \\
A_{2q+1} &= diag(\lambda_1, ..., \lambda_{2q+1}) \ avec \ \lambda_1 \geq \lambda_2 \geq ...\lambda_{2q+1}
\end{aligned}
\tag{3.5}
$$

la dimension de chaque vecteur v_i avec $1 \leq i \leq 2q + 1$. est $(2q + 1)p$.

- *étape 4* : Choix du masque $\mathbf{H}$. Si on garde tous les composants alors $\mathbf{H} = V_{2q+1}$. En général on garde les premières composantes. Ce choix est fonction des applications et se fait souvent expérimentalement. Si on pose ce nombre égale à r alors dans ce cas $\mathbf{H} = [v_1, ..., v_r]$.

- *étape 5* : Calcul des coefficients TFPC $f_t = \mathbf{H}.\{X_{t-q}^{t+q}\}$. La nouvelle séquence de coefficients est alors une matrice de dimension $r \times T$. si r < p alors une certaine forme de réduction de données est réalisée.

Il est démontré dans [17] que les coefficients cepstraux et leurs dérivées premières et secondes sont des cas particulier des coefficients TFPC obtenus en opérant une sélection du masque temps-fréquence $\mathbf{H}$, du nombre de composantes r et de la valeur du contexte q. On montre aussi, dans la partie expérimentale 6 que le choix de ces paramètres conditionne les performances d'un système de segmentation en locuteur.

3.4 Combinaison et sélection de descripteurs

Une synthèse bibliographique de cette question a montré un regain d'intérêt pour la combinaison et la sélection de descripteurs pour les problèmes de reconnaissance de forme et de classification en général. Ainsi les travaux de [19, 48] montrent que la

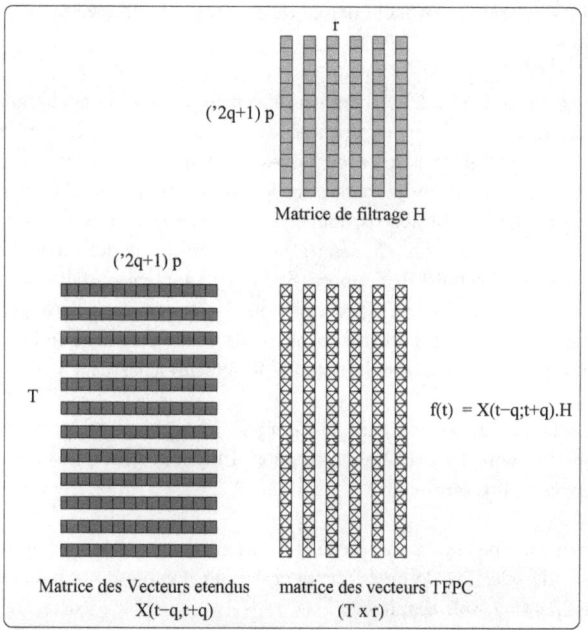

FIG. 3.4 – Détermination de la séquence de vecteurs TFPC

concaténation de plusieurs descripteurs hétérogènes (MFCC, LPC, E, LPCC, ...) permet d'améliorer les performances en reconnaissance de la parole. Un excellent article de synthèse [76] signé par plus d'une dizaine de chercheurs faisant autorité dans le domaine du traitement de la parole permet d'apprécier ce regain d'intérêt pour cette nouvelle tendance de paramétrisation acoustique.

L'idée de base soutenue notamment dans [19, 48, 76] est que la construction d'un vecteur acoustique étendu composé de la concaténation de descripteurs hétérogènes permet une complémentarité entre les différents paramètres dans le sens que l'information manquée par un descripteur est capturé par un autre.

Cette combinaison doit aussi être menée de sorte à regrouper des informations spectrales avec des informations temporelles, prosodiques, statiques et dynamiques. En fait, même si cela engendre certainement une redondance dans l'information présente dans le signal paramétré ainsi composé, cela peut améliorer les performances dans des applications de traitement de la parole telle que la reconnaissance ou la segmentation en locuteurs.

Cette façon de procéder, a des conséquences au niveau des charges des calculs, c'est pourquoi certaines méthodes de classification de signaux évitent d'y recourir. En effet, concaténer plusieurs vecteurs acoustiques augmente la taille des descripteurs et l'emploi de méthodes telles que celles basées sur le rapport de vraisemblance nécessitent l'emploi de modèles de distribution de données, ce qui ne facilite pas (en terme de charge de calculs) cette combinasion de descripteurs. En revanche des méthodes récentes comme les Méthodes à Vecteurs de Support (SVM) s'y adaptent parfaitement car la complexite de certains algorithmes SVM, comme nous le verrons dans le chapitre suivant, ne dépend pas de la taille des vecteurs acoustiques mais seulement de la taille de l'ensemble d'apprentissage, c'est à dire du nombre de vecteurs constituant cet ensemble.

La sélection de descripteurs est le processus qui consiste à retenir le sous ensemble pertinent au sens d'un critère de sélection. Plusieurs stratégies et techniques sont proposés dans la littérature [45].

Sur la base de cette philosophie, nous avons mené diverses expériences de combinaison puis de sélection de descripteurs en tenant compte de la minimisation de l'erreur de classification,-voir chapitre 6.

3.5   conclusions

Nous avons présenté dans ce chapitre, le principe de la paramétrisation acoustique en insistant sur l'apport des coefficients dynamiques en complément des coefficients statiques. La combinaison et la sélection de descripteurs acoustiques a été également évoqué. Dans ce cadre, la théorie des coefficients TFPC à été développée succinctement.

Le signal numérique ainsi paramétré, sera soumi à un classifieur. Le choix de ce dernier parmi les nombreuses méthodes de l'état de l'art n'est pas trivial. Parmi les techniques de classification discriminantes, la théorie des Méthodes à Vecteurs de Support (SVM) s'impose aujourd'hui aux traiteurs de signaux audio en général et à la comunauté parole en particulier.

Nous fournissons au prochain chapitre, les éléments essentiels permettant au lecteur d'appréhender cette théorie, en se mettant dans un contexte de reconnaissance de formes afin d'être cohérent avec notre application d'indexation en locuteurs.

Chapitre 4

Théorie des Méthodes à Vecteurs de Support

4.1 Introduction

L'objectif de ce chapitre est d'introduire le lecteur à la théorie des Méthodes à Vecteurs de Support (SVM)[1] et plus particulièrement aux méthodes SVM mono-classe (SVM-1). Nous montrons comment on peut utiliser cette théorie pour construire une famille de mesures de similarité indispensables pour mettre en oeuvre des algorithmes de segmentation en locuteurs de signaux audio. Ces mesures constituent ainsi une alternative à la prise de décision par des méthodes construite sur le principe du Rapport de Vraisemblance Généralisé (RVG).

4.2 Eléments de la théorie d'apprentissage automatique statistique

L'apprentissage automatique [2] est la transposition de la faculté humaine d'apprendre et d'évoluer vers des systèmes artificiels (ordinateurs) conçus et fabriqués par des humains. Il s'agit alors, conceptuellement, de développer des algorithmes capables, à partir d'un nombre plus ou moins important d'exemples (les données correspondant à *l'expérience passée*) d'en comprendre la nature afin de pouvoir appliquer (*généraliser*) ce

---

[1] *Support Vector Machines*
[2] *en anglais : Machine Learning*

qu'ils ont appris aux cas futurs.

4.2.1   L'Apprentissage Automatique Statistique

Les études statistiques classiques se sont souvent limités à des modèles mathématiques assez simples et de faible dimension se pretant bien à une analyse peu compliquée, dont l'essentiel est d'estimer par diverses techniques des paramètres inconnus du "vrai" modèle ayant géneré les données.

Les recherches en apprentissage automatique etaient, comparativement à la statistique, résolument engagés sur la voie de la complexité, en s'attaquant à la résolution de problèmes réels, où il est invraisemblable de croire que l'on dispose du "vrai" modèle ayant génére les données. Ces données sont de surcroît en quantité limitée.

Le rapprochement de la théorie d'apprentissage avec la théorie de la statistique a donne lieu à la théorie de l'apprentissage automatique statistique dont l'objet est de s'intéresser aux problèmes classiques d'apprentissage en adoptant le point de vue statistique qui suppose que les données sont genérées par un processus aléatoire qui s'exprime au travers de sa densité de probabilité.

Conceptuellement un système d'apprentissage statistique à partir d'exemples est constitué des modules suivants [111] :

– Un générateur de données aléatoires appelées vecteurs d'entrées. Ceux-ci sont supposées indépendants et identiquement distribuée (iid) suivant une distribution de probabilité inconnue $\mathcal{P}(\mathsf{x})$.

– Un superviseur qui associe à chaque vecteur d'entrée x une sortie (une étiquette ou label) y qui correspond à la classe contenant le vecteur x suivant une ddp $\mathcal{P}(\mathsf{x,y})$ à priori inconnue.

– Une Méthode [3] d'apprentissage qui permet d'implémenter une famille de fonctions $f_\alpha(x)$ avec $\alpha \in \Lambda$. Λ est un ensemble de paramètres. Ces fonctions doivent "apprendre" à produire pour chaque vecteur d'entrée x une sortie $\hat{y}$ qui se rapproche de la sortie donnée par le superviseur.

Deux approches sont alors possibles :

1. L'approche *(Induction-déduction)* :elle consiste utiliser les données d'apprentissage pour construire *(induire)* un modèle. Ce modèle sera utilisé pour estimer *(déduire)* la sortie $\hat{y}$ pour chaque donnée de test x.

---

[3] *en anglais : Machine*

56

2. *L'approche transductive* : elle consiste estimer directement la sortie $\hat{y}$ pour chaque donnée de test x sans passer par la construction d'un modèle.

4.2.2 Les tâches de l'apprentissage

Généralement, les tâches de l'apprentissage automatique peuvent se subdiviser en trois grandes familles [27, 46] :

1. apprentissage supervisé
2. apprentissage non-supervisé
3. apprentissage par renforcement

L'apprentissage supervisé

On dispose d'un nombre fini d'exemples d'une tâche à réaliser, sous forme de paires *(entrée, sortie desirée)*, et l'on souhaite construire un système capable de trouver la sortie adéquate correspondant à toute nouvelle entrée qui pourrait lui être presenté.

Trois types de problèmes constituent le domaine d'application privilégié de l'apprentissage automatique supervisé :

- Classification
  Dans un problème de classification, l'entrée correspond à un objet à classer, et la sortie qui lui est associé indique la classe à laquelle il appartient. Il est important de noter que cette classification des objets "exemple" n'est pas réalisée par le système automatique mais par un expert (le superviseur). Pour fixer les idées, citons l'exemple d'un système de reconnaissance de caractères, où l'entrée serait l'image bitmap d'un caractère fournie par un scanner, et la sortie indiquerait de quelle caractère il s'agit (parmi l'ensemble des caractères de l'alphabet par exemple).

- Régression
  Dans un problème de régression, l'entrée n'est pas associée à une classe, mais à une ou plusieurs valeurs réelles. Par exemple, pour une expérience de biochimie, on pourrait vouloir prédire le taux de réaction d'un organisme en fonction des taux de différentes substances qui lui sont administrés.

– Séries temporelles

Dans ce type de problèmes, il s'agit de prédire les valeurs futures d'une certaine quantité connaissant ses valeurs passées ainsi que d'autres informations. Par exemple, le rendement d'une action en bourse.

L'apprentissage non supervisé

Dans l'apprentissage *non supervisé* la notion de sortie désiré disparaît. On dispose seulement d'un nombre fini de données d'apprentissage, constituées d'entrées, sans qu'aucun label n'y soit rattaché.

Nous présentons ci-dessous trois types de problèmes constituant un domaine d'application de l'apprentissage non supervisé :

– Estimation de densités

Dans ce type de problèmes, on cherche à modéliser convenablement la distribution des données. L'estimateur obtenu doit pouvoir donner une valeur plus ou moins correcte de la densité de probabilite d'un point test quelconque issu de la même distribution (inconnue) que les données d'apprentissage. Nous évoquerons dans la suite de cette thèse un probleme typique d'estimation de densite par la méthode des vecteurs de support (SVM)[4]

– Partitionnement (ou regroupement)

Un algorithme de partitionnement ou de regroupement [5] est le pendant non-supervisé de la classification. Il s'agit de partionner l'espace d'entrée en un nombre fini de "classes " en se basant sur un ensemble d'apprentissage fini, ne contenant aucune information de classe explicite. En fait, il s'agit de trouver une certaine structure dans les données sans aucune information a priori. Les critères utilisés pour décider si deux points devraient appartenir à la même classe ou à des classes différentes sont spécifiques à chaque algorithme mais sont souvent lies à une mesure de distance entre points de l'espace d'entrée.

– Réduction de dimensionnalité

L'objectif des algorithmes de réduction de dimensionnalité est de parvenir "résumer" l'information présente dans les coordonnées d'un point en haute dimension ($x \in \Re^n$, n grand) par un nombre plus réduit de caractéristiques ($y = f(x)$, $y \in \Re^m$, m < n). Dans ces algorithmes, il est souvent recherché de mettre en évidence

---

[4] *Support Vector Machines*
[5] *en anglais : clustering*

l'information la plus importante en la dissociant du bruit. L'exemple le plus classique d'algorithme de réduction de dimensionnalite est l'Analyse en Composantes Principales (ACP).

L'apprentissage par renforcement

Dans le cadre de l'apprentissage par renforcement, les décisions prises par l'algorithme influent sur l'environnement et les observations futures. L'exemple standard est celui du robot manipulateur autonome qui évolue et effectue des actions dans un environnement totalement inconnu initialement. Il doit constamment apprendre de ses erreurs et succès passés, et décider de la meilleure politique à appliquer pour choisir sa prochaine action.

4.2.3   Formalisation de l'apprentissage automatique statistique

Les applications des méthodes de l'apprentissage automatique statistique sont nombreuses et variées : la prédiction des termes de séries temporelles, la régression, la fusion et la reconnaissance de forme. C'est cette dernière application qui focalise notre attention dans le cadre de cette thèse. Aussi, c'est au travers de cette dernière que nous introduisons une formalisation mathématique de l'apprentissage automatique.

Un ensemble de données d'apprentissage (ou ensemble d'apprentissage) est l'ensemble de paires (entrée, sorties) suivantes :

$$\mathcal{D} = \{(x_i, y_i) \in \mathcal{R}^d \times \{-1, 1\} \quad \text{pour} \quad i = 1, ...m\} \tag{4.1}$$

Pour le problème de classification, rappelons qu'il s'agit de trouver (ou de déduire) à partir de cet ensemble $\mathcal{D}$ une fonction $f(x)$ telle que :

$$f : \mathcal{R}^d \longrightarrow \{-1, +1\}$$
$$\hat{y} = f(x) \tag{4.2}$$

$\hat{y} = f(x)$ constitue ainsi une estimée de la sortie y donnée par le superviseur.

Un exemple de données d'apprentissage est illustré à la figure 4.1. Ces objets sont dans la réalité des segments de signaux de parole prononcés par des locutrices et locuteurs dans le cadre d'un enregistrement dans lequel ces deux signaux sont mélangés, ont été illustrés par des cercles et signes plus dans un espace à deux dimensions. Ces deux dimensions sont les coordonnées de chaque vecteur représentant les attributs, appelés aussi descripteurs de chaque objet réel,-voir chapitre 3. Un objet est donc representé par un point dans un espace bi-dimensionnel. Ce problème de classification (binaire ou bi-classe) dans cet exemple est certes le plus simple mais constitue néanmoins une introduction des situations plus complexes.

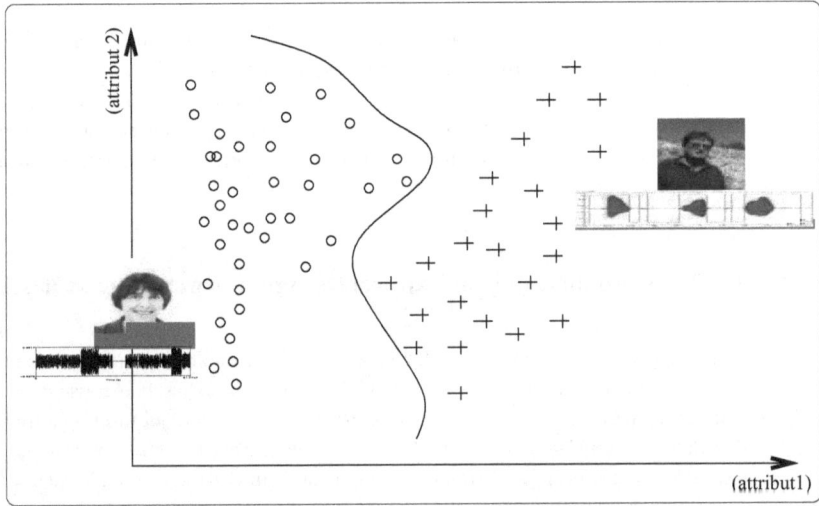

FIG. 4.1 – Exemple de description des données dans un espace 2D. Les cercles représentent des segments de parole attribués à la locutrice alors que les signes plus représentent des segments de parole attribués au locuteur. Les deux coordonnées représentent respectivement l'attribut 1 (par exemple la fréquence fondamentale) et l'attribut 2 (par exemple l'énergie) des objets representés. La ligne courbée représente une frontière de séparation qui permet de classifier les objets en deux classes distinctes

Il s'agit alors de définir une procédure de décision (ou règle de décision) tenant compte uniquement du signe de la fonction f permettant de séparer ces deux objets en deux classes distinctes. Genéralement, on choisit une fonction ou une classe de fonctions, la classe de fonctions linéaires par exemple. De telles fonctions s'écrivent :

$$
\begin{aligned}
f(x) &= \langle w \cdot x \rangle + b \\
&= \sum_{i=1}^{m} w_i x_i + b
\end{aligned}
\tag{4.3}
$$

avec $(\mathbf{w}, b) \in \mathcal{R}^d \times \mathcal{R}$ sont les paramètres de contrôle de la fonction f. Cette classe de fonctions est notée $f(x; \mathbf{w}, b)$. On adopte alors la règle de décision simple suivante : Un objet est considéré appartenant à la classe 1 (ou à la classe positive ou classe A) si $f(x) \geq 0$ sinon il appartient à la classe2 (ou classe négative, ou classe B). Ainsi la règle de décision est donnée par le signe de $f(x)$ $sgn(f(x))$.

La figure 4.2 montre l'exemple de séparation des deux classes par une fonction linéaire, dont la variation des paramètres met en évidence plusieurs plans de séparation réalisants tous une classification des objets locutrices-locuteurs. Il apparaît ainsi qu'il

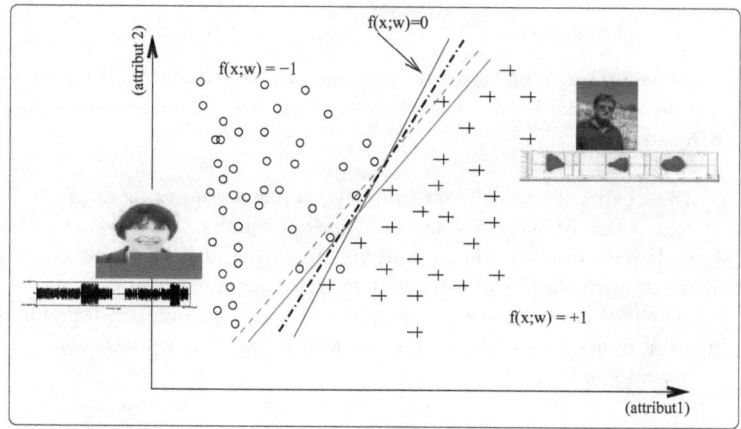

FIG. 4.2 – Exemple de séparation des deux classes par une fonction linéaire, dont la variation des paramètres met en évidence plusieurs plans de séparation réalisants tous une classification des objets locutrices-locuteurs.

existe un jeu de paramètres $(\mathbf{w}, b)$ permettant une classification "idéale" où tous les objets seront assignés correctement à leurs classes respectives. Pour définir ce jeu de paramètres optimal, dépendant de l'ensemble d'apprentissage $\mathcal{D}$ on a besoin de définir la notion d'erreur de classification, qui naturellement dépend aussi de $(\mathbf{w}, b)$ et de l'ensemble $\mathcal{D}$. Cette erreur est notée $\mathcal{E}(f, \mathbf{w}, \mathcal{D})$. Rappelons que le premier composant d'un système automatique est le générateur de données. Ces derniers sont supposés aléatoires indépendants et identiquement distribuées (iid) selon une distribution inconnue $\mathcal{P}(x,y)$. On définit alors l'erreur de classification de la fonction f sur l'ensemble $\mathcal{D}$ comme :

$$\mathcal{E}(f, \mathbf{w}, \mathcal{D}) = \frac{1}{N} \sum_i e(f(x_i; \mathbf{w}), y_i) \qquad (4.4)$$

Il existe différentes possibilitées pour l'erreur e qui dépendent de la nature de la fonction f. La définition la plus usuelle est $e_{0,1}$ définie pour une fonction f à valeurs discrètes, elle permet de comptabiliser le nombre d'objets mal classifiés :

$$e_{0,1}(f(x_i; \mathbf{w}), y_i) = \left\{ \begin{array}{ll} 0 & \text{si} f(x_i; \mathbf{w}) = y_i \\ 1 & \text{sinon} \end{array} \right. \qquad (4.5)$$

Pour une fonction à valeurs réelles $\in [-1,1]$ l'erreur la plus usuelle est celle des moindres carrées :

$$e_{MSE}(f(x_i; \mathbf{w}), y_i) = (f(x_i; \mathbf{w}) - y_i)^2 \qquad (4.6)$$

La minimisation de l'erreur $\mathcal{E}$ sur l'ensemble $\mathcal{D}$ des données d'apprentissage permet de trouver un jeu de paramètres ($\mathbf{w}$;b) optimal dans le sens d'une classification adéquate.

Dans l'exemple suivant, voir figure, 4.3 on montre un cas atypique de l'ensemble $\mathcal{D}$ comprenant un nombre réduit de données exemples. Ainsi, pour reprendre notre exemple (locutrices-locuteurs) l'ensemble $\mathcal{D}$ est réduit à 20 élements, soit 10 segments de parole attribués à la locutrice et 10 segments appartenant au locuteur. La frontière délimitant les deux classes n'est pas aussi nette que dans le cas prcédent et la classification s'en trouve alors affectée. Ceci pose le problème de la reprsentativité des données d'apprentissage !

En effet, l'ensemble des données exemples $\mathcal{D}$ est analogue à une fenêtre temporelle limitée sur les données réels, ainsi plus cet ensemble est réduit en nombre d'exemples plus grande est l'erreur de classification $\mathcal{E}$.

Pour reprendre notre exemple didactique, et illustrer le problème de la représentativité de l'ensemble d'apprentissage, imaginons qu'on nous demande de constituer un ensemble d'apprentissage de tous les segments prononcés par une locutrice et un locuteurs cibles, afin d'en constituer des empruntes vocales par exemple. On peut certes, faire un choix très exhaustif de réunir l'ensemble des enregistrements attribués aux deux personnes, mais celui-ci reste limité et incomplet quant la représentativité de cet ensemble de tous les segments de parole qui peuvent être prononcés par ces deux

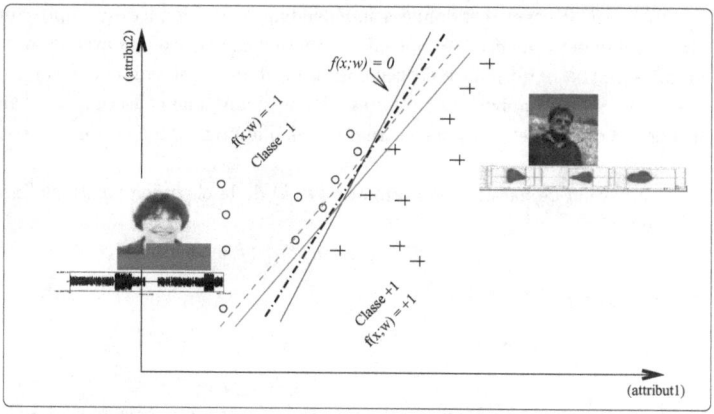

FIG. 4.3 – L'ensemble $\mathcal{D}$ est réduit à 20 élements, soit 10 segments de parole (10 tours de parole) locutrice et 10 segments de parole (tours de parole) locuteurs. La frontière délimitant les deux classes n'est pas aussi nette que dans le cas prcédent et la classification s'en trouve alors affectée. Ceci pose le problème de la reprsentativité des données d'apprentissage!

personnes, dans toutes les situations possibles, car la distribution de ces objets dans l'espace des attributs dépend du nombre d'objets constituant l'ensemble $\mathcal{D}$.

On peut alors déduire raisonnablement que plus le nombre de données d'apprentissage est grand plus faible est l'erreur de classification. On oublie cependant que le choix des fonctions f permettant l'estimation des sorties estimée y n'est pas simple car la classe de fonctions possibles est très grande! Il apparait donc que disposer d'une ensemble d'apprentissage assez représentatif des données réelles ne garantie pas une erreur de classification minimale.

Par conséquent, l'objectif principal n'est pas celui de classifier correctement les données de l'ensemble d'apprentissage seulement, mais plutôt de classifier correctement des données qui n'appartiennent pas à l'ensemble $\mathcal{D}$ et qui ne sont pas connues préalablement du classifieur (c.a.d les fonctions f ayant estimé les sorties y des données d'apprentissage) : ***C'est le principe de généralisation***. L'objectif premier de tout classifieur est de trouver des fonctions f qui permettent une bonne géneralisation sur des données qui n'appartiennent pas à l'ensemble d'apprentissage (qu'on appelle données test).

Ainsi, en utilisant des données indépendantes des données exemples, on évite de croire à une performance très optimiste éventuellement atteinte avec les données d'apprentissage. La performance de géneralisation d'un classifieur se détermine donc avec des données qu'on appelle données test. Étant donné une collection de données, il y a lieu de subdiviser cet ensemble entre données d'apprentissage et données de test.

L'obtention de paramètres optimaux $(\mathbf{w}, b)$ de la classe de fonctions linéaires f est tel que :

$$\mathbf{w}^* = argmin_w \mathcal{E}_{vrai}(f, w, \mathcal{X}) \tag{4.7}$$

avec $\mathcal{E}_{vrai}$ est définie comme :

$$\mathcal{E}_{vraie}(f, w, \mathcal{X}) = \int \mathcal{E}(f(x; w), y)p(x, y)dxdy \tag{4.8}$$

Il est important de noter que le $\mathbf{w}$ optimal assure une erreur de classification minimale sur toutes les données possibles de l'ensemble $\mathcal{X}$ suivant la distribution $\mathcal{P}(x,y)$. A supposer qu'il est possible de définir une densité $\mathcal{P}(x,y)$ sur l'ensemble de l'espace des données $\mathcal{X}$. Cette densité $\mathcal{P}(x,y)$ renferme toutes les connaissances possible sur les données dans $\mathcal{X}$. Notons que dans la majorité des problèmes de classification, cette quantité $\mathcal{P}(x,y)$ est inconnue ou indisponible [46].

Nous avons également vu précédemment que l'ensemble des données d'apprentissage ne permet pas de rendre compte des informations présentes dans $\mathcal{P}(x,y)$. Par conséquent cette quantité est pratiquement incalculable telle quelle. On peut cependant l'approcher par une quantité estimée sur les données d'apprentissage de l'ensemble $\mathcal{D}$. Autrement dit l'erreur "vraie" $\mathcal{E}_{vraie}$ donnée par la quantité 4.8 est approchée par l'erreur estimée sur les données d'apprentissage $\mathcal{E}$ appelée erreur empirique (ou risque empirique) et noté $\mathcal{E}_{emp}$.

$$\mathcal{E}_{emp}(f, \mathbf{w}, \mathcal{D}) = \frac{1}{N} \sum_i e(f(x_i; \mathbf{w}), y_i) \tag{4.9}$$

Cet estimateur $\mathcal{E}_{emp}$ est d'autant plus précis que la distribution des données de l'ensemble d'apprentissage ressemble à la distribution des données réels ce qui suppose que la taille de l'ensemble $\mathcal{D}$ soit assez large. Cependant la théorie nous montre [46, 111] que la minimisation de cette erreur ne garantit pas une erreur "vraie" $\mathcal{E}_{vraie}$ minimale et par suite ne garantit pas une optimisation des fonctions $f(x; \mathbf{w})$. Ce phénomène, qui traduit que des fonctions $f(x; \mathbf{w})$ assurent la minimisation de $\mathcal{E}_{emp}$ sur les données de l'ensemble d'apprentissage mais donne une erreur assez grande sur des données indépendantes de cet ensemble est connu sous le nom de ***surapprentissage*** [6] et il traduit le fait qu'un classifieur (donc une famille de fonctions f) s'adapte parfaitement (même trop parfaitement !) aux données d'apprentissage. 4.4

---

[6] *Overfitting*

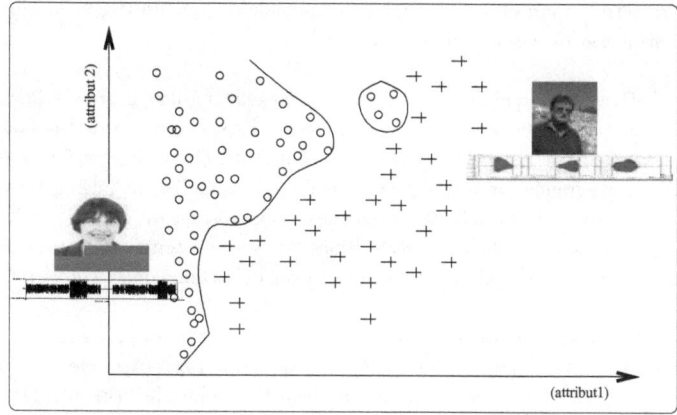

FIG. 4.4 – Ce phénomene, qui traduit que des fonctions $f(x; \mathbf{w})$. assurent la minimi-sation de $\mathcal{E}_{emp}$ sur les données de l'ensemble d'apprentissage mais donne une erreur assez grande sur des données indépendantes de cet ensemble est connu sous le nom de *surapprentissage*

De telles fonctions, donnent des performances médiocres sur les données de test. On dit qu'ils n'assurent pas une bonne géneralisation. De plus ce phénomene évolue vers un autre (plus catastrophique!) lorsque le nombre d'attributs par objet augmente, car dans ce cas les fonctions $f(x; \mathbf{w})$ doivent être définies pour toutes les valeurs de x, ainsi plus la dimension du vecteur x est importante, plus la dimension de l'espace des données $\mathcal{X}$ est importante et plus le volume décrit par les fonctions f croit exponentiellement avec la dimension d de x. Ce phénomne s'appelle la ***malédiction de la dimensionnalité*** [7]. Une des solutions généralement adoptée pour "atténuer" l'effet de ces phénomènes (dimension et sur-apprentissage) est d'opérer un certaine forme de réduction de données, qui peut s'effectuer soit à travers une sélection parcimonieuse des descripteurs afin d'en retenir les plus pertinents ou bien opérer une "extraction" de descripteurs nouveaux et en nombre réduit à partir de descripteurs connus. C'est le cas des TFPC (voir chapitre 3 sur les descripteurs).

Ces solutions s'avèrent cependant insuffisantes seules pour résoudre le problème, car il importe de noter que la forme des fonctions $f(x, w)$ et le nombre de paramètres libres est très influent. On parle alors de flexibilité ou de complexité des fonctions f. Un autre

---

[7] *The curse of dimensionnality*

paramètre important est la taille de l'ensemble d'apprentissage et la taille de chaque élement constituant cet ensemble [49, 46].

Il faut savoir que l'entraînement d'un classifieur (dans notre cas linéaire) sur des ensembles de même taille et issues de la même distribution fournit des solutions, c'est à dire des paramètres (w,b) complètement différents. On dit que les fonctions f(x,w) exhibent une grande variance sur des ensembles d'apprentissage différents. Cette variance est réduite lorsque la taille de l'ensemble d'apprentissage est grande , due à la moyenne d'ensemble sur les différentes réalisations (au sens aléatoire) [49, 46]. Le classifieur est dit de grande complexité ou ayant une valeur importante de sa *Capacité*.

Le problème opposé est le cas où les fonctions $f(x, w)$ ne s'adaptent pas aux caractéristiques des données. On parle alors de ***sous-apprentissage*** [8] et que le modèle c'est à dire les fonctions $f(x, w)$ ont un biais très grand. Le classifieur est dit de faible complexité.

Devant une telle situation, une autre famille de fonctions doivent être choisies, assurant un bon compromis bias-variance. On montre dans [100], que l'erreur quadratique moyenne met en evidence la décomposition de celle-ci en deux parties, l'une correspondant au biais et l'autre à la variance :

$$E_{\mathcal{D}}(\mathcal{E}_{MSE}(f, \mathbf{W}, \mathcal{D})) = E_{\mathcal{D}}\big[\frac{1}{N}\sum_i (f(x_i; \mathbf{w}) - E_{\mathcal{D}}[f(x_i; w)])^2\big] + E_{\mathcal{D}}\big[\frac{1}{N}\sum_i (E_{\mathcal{D}}[f(x_i; w)] - y_i)^2\big]$$
(4.10)

$$E_{\mathcal{D}}(\mathcal{E}_{MSE}(f, \mathbf{W}, \mathcal{D})) = variance + (biais)^2$$

Pour la plupart des erreurs, une décompostion en termes de biais et variances est possible. L'introduction de connaissance priori permet de réduire ce dilemme bias-variance. Ces connaissances à priori permettent de réduire l'espace de fonctions possibles et par conséquent introduisent une meilleure flexibilité du classifieur. Malheureusement, la disponibilité de connaissances à priori du problème traité n'est pas toujours acquise, et même si l'on dispose de telles connaissances, il n'est pas facile de les traduire (ou les répercupter) sur le choix des fonctions $f(x/\mathbf{w})$ [88, 21].

Dans ce cadre, on choisit une fonction relativement complexe, ainsi s'ajoute une erreur systématique à l'erreur empirique appelée erreur structurelle . Cette erreur structurelle $\mathcal{E}_{struct}(f, \mathbf{w})$ mesure le degré de complexité de la fonction $f(x; \mathbf{w})$. Ainsi l'erreur totale à minimiser devient :

$$\mathcal{E}_{tot}(f, w, \mathcal{D}) = \mathcal{E}_{emp}(f, w, \mathcal{D}) + \eta\, \mathcal{E}_{struct}(f, \mathbf{w})$$
(4.11)

Le paramètre η appelé facteur de régularisation permet de contrôler l'influence de l'er-

---

[8] *Underfitting*

reur structurelle due au choix de la fonction (autrement dit le choix d'un classifieur). Ce paramètre doit être réglé par l'utilisateur selon le domaine d'application et les données dont il dispose. Une valeur trop faible tend à traduire une certaine indépendence du choix de f par rapport aux données traités. A l'opposée une valeur trop importante induit une fonction f très simple et donc conduit au phénomène de sous apprentissage.

A ce stade, se pose un problème du choix de la forme des fonctions qui traduisent cette erreur structurelle. Dans le cas général, un critère de choix est le principe de continuité dans l'espace des données $\mathcal{X}$. Ainsi, les données qui se ressemblent dans la réalité se traduisent par des vecteurs proches dans cet espace. Ce qui induit des fonctions f lisses et donc de faible complexité. Ceci suppose que les données peuvent être modélisées par une fonction simple (dans le sens lisse) et non pas par des fonctions irrégulières. Ce qui est en parfaite accord avec le principe de parcimonie de Occam adopté dans la théorie d'apprentissage [49, 46, 27].

L'état de l'art montre que la minimisation de l'erreur structurelle interdit l'utilisation de fonctions complexes et irrégulières (dans le sens opposé aux fonctions lisses) ce qui assure que l'erreur empirique $\mathcal{E}_{emp}$ constitue un bon estimateur de l'erreur vraie $\mathcal{E}_{vraie}$. Les fonctions $f(x; \mathbf{w})$ traduisent alors un classifieur ayant un pouvoir de généralisation très grand. Pour un approfondissement de cette question, le lecteur est invité à consulter les références [49, 46, 27].

4.3 les Méthodes Vecteurs Support

4.3.1 Introduction

Dans la section précédente nous avons mis en évidence le rôle crucial de deux aspects importants de la théorie d'apprentissage qui sont le sur-apprentissage des données et le contrôle de la capacité d'un classifieur. Pour répondre à ces deux problèmes, Vapnik et Chervonenkis [111] proposent un classifieur basé sur la minimisation du risque structurel appelé SVM[9]. Depuis de nombreux chercheurs ont repris ce modèle, initialement linéaire, pour l'étendre aux cas de frontières de décision non linéaires et proposèrent plusieurs versions de ce modèle destinées à répondre aux différentes applications possibles [46]. Ces applications sont en effet nombreuses et variées et notamment en reconnaissance de formes (visages, objets 2D, caractères manuscrits, locuteurs, ...)[46, 49, 4].

---

[9]*Support Vector Machines*

Les méthodes SVM appartiennent à une large classe de méthodes appelées méthodes à noyaux et plus particulièrement aux méthodes à noyaux non supervisées -voir figure (empruntée à [5]). Parmi les méthodes à noyaux "classiques" non paramétriques, citons les k plus proches voisins [10] pour les problèmes de classification, l'estimateur de Nadaraya-Watson pour la régression et l'estimateur fenêtres de Parzen pour l'estimation de densité de probabilité [112].

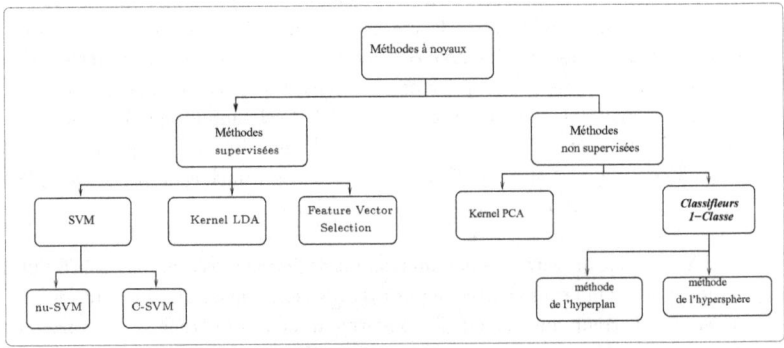

FIG. 4.5 – Classification des méthodes d'apprentissage à noyaux (extrait de [5])

4.3.2 Principe général des SVM

Rappelons qu'il s'agit de trouver des fonctions f_α qui assurent la double exigence de faible complexité et la minimisation du risque structurel. Dans ce contexte, le principe des SVM consiste à changer d'espace dans lequel on cherche ces fonctions. Il s'agit de projeter les données de l'espace d'entrée $\mathcal{X}$ vers un espace augmenté $\mathcal{H}$, de plus grande dimension, appelé *espace des caractéristiques*[11]. L'objectif est de séparer les données appartenant à deux classes différentes par une frontière de décision la plus simple possible (linéaire).

Dans l'espace augmenté, on construit un hyperplan optimal (surface de séparation) séparant les classes tel que (voir figure 4.6) :

– Les données (vecteurs) appartenant aux deux classes se trouvent des deux côtés de l'hyperplan.

---

[10] *K Nearest Neighbor*
[11] *Feature space*

– La plus petite distance entre les vecteurs et l'hyperplan, qu'on appelle *marge* soit maximale.

4.3.3 Un exemple didactique

Pour illustrer le principe des SVM, considérons des données non-linéairement séparables dans un espace 2D. Nous montrons au travers de cet exemple, que ces même données deviennent linéairement séparables en opérant un changement de variables dans un espace à 3D par une transformation ψ. Soit un vecteur $x \in \mathcal{R}^2$ tel que $x=(x_1,x_2)$ et soit une transformation ψ telle que :

$$\psi : \mathcal{R}^2 \longrightarrow \mathcal{R}^3$$
$$(x_1, x_2) \longrightarrow (z_1, z_2, z_3) = (x_1^2, \sqrt{2}x_1x_2, x_2^2) \tag{4.12}$$

Un classifieur linéaire produirait une fonction de décision linéaire :

$$f(x) = \langle w \cdot x \rangle + b = w_1x_1 + w_2x_2 + b \tag{4.13}$$

Cependant si on construit un autre classifieur linéaire $\tilde{f}$ sur l'espace des transformés de x, de dimension 3 tel que :

$$\tilde{f}(x) = \langle \tilde{w} \cdot \psi(x) \rangle + b = \tilde{w}_1\psi(x)_1 + \tilde{w}_2\psi(x)_2 + \tilde{w}_3\psi(x)_3 = \tilde{w}_1z_1 + \tilde{w}_2z_2 + \tilde{w}_3z_3 \tag{4.14}$$

On obtient alors, un classifieur linéaire en $z=\psi(x)$ mais non linéaire en x et correspond en fait à une surface de décision polynomiale de degré 2 dans l'espace des données $\mathcal{X}$.

$$\begin{aligned} \tilde{f}(x) &= \tilde{w}, z + b \\ &= \tilde{w}_1\psi(x)_1 + \tilde{w}_2\psi(x)_2 + \tilde{w}_3\psi(x)_3 + b \\ &= \tilde{w}_1x_1^2 + \tilde{w}_2x_1x_2\sqrt{2} + \tilde{w}_3x_2^2 \end{aligned}$$

4.3.4 Construire l'hyperplan optimal

Avant de détailler cette construction, nous devons rappeler que les méthodes SVM ne se contentent pas de séparer les données, en passant par la technique de projection dans un espace augmenté, par un hyperplan, mais ils assurent que cette frontière de séparation est optimale (hyperplan à marge dure). Pour expliciter ce fait nous emprunterons les notations mathématiques développées dans la section 4.2.3. Nous distinguons aussi deux cas, selon que les données soient linéairement séparables ou pas [20].

Données linéairement séparables : hyperplan à marge dure

Soit $\mathcal{D}$ l'ensemble des données d'apprentissage. Soit H un hyperplan qui satisfait les conditions :

$$f(x) = \left\{ \begin{array}{ll} w \cdot x_i + b \geqslant 1 & \text{si } y_i = 1 \\ w \cdot x_i + b \leqslant -1 & \text{si } y_i = -1 \end{array} \right. \quad (4.15)$$

ce qui est équivalent à :

$$y_i(w \cdot x_i + b) \geqslant 1 \quad \text{pour } i = 1, ..., m \quad (4.16)$$

Cet hyperplan est optimal si il maximise la marge **M** qui représente la plus petite distance entre les données des deux classes et l'hyperplan (voir figure 4.6). Maximiser cette marge est équivalent à maximiser la somme des distances des deux classes par rapport à l'hyperplan. Pour détailler ce calcul, on définit les plans P_+ et P_- suivants :

$$\begin{array}{lll} P_+ & = & \{x : w \cdot x + b = +1 \\ P_- & = & \{x : w \cdot x + b = -1 \end{array}$$

Sachant que :

- **w** est un vecteur perpendiculaire aux plans P_+ et P_- (Il suffit de calculer ($\langle w \cdot (u - v) \rangle$) avec u et v deux vecteurs de P_+.
- soit x_+ un point appartenant au P_+ et x_- un point de P_- le plus proche possible de x_+, donc tel que x_+ soit situé sur une ligne droite reliant x_- à x_+.
- $x_+ = x_- + \lambda$ **w**

Nous avons donc les équations suivantes [72] :

$$\begin{array}{rcl} \langle w \cdot x_+ \rangle + b & = & +1 \\ \langle w \cdot x_- \rangle + b & = & -1 \\ x_+ = x_- + \lambda\mathbf{w} \\ |\, x_+ - x_- \,| & = & \mathbf{M} \\ \langle w \cdot (x_- + \lambda\mathbf{w}) \rangle + b & = & +1 \\ \langle w \cdot x_- \rangle + b + \lambda\langle w \cdot w \rangle & = & 1 \\ \multicolumn{3}{c}{\text{d'où}} \\ -1 + \lambda\langle w \cdot w \rangle & = & 1 \Longrightarrow \lambda = \dfrac{2}{\langle w \cdot w \rangle} \end{array} \quad (4.17)$$

en reportant cette dernière équation dans le calcul dans 4.17 il vient :

$$M = |\, x_+ - x_- \,| \; = \; |\, \lambda w \,| \; = \; \lambda \,\| \, w \, \| \; = \; \lambda\sqrt{\langle w \cdot w \rangle}$$

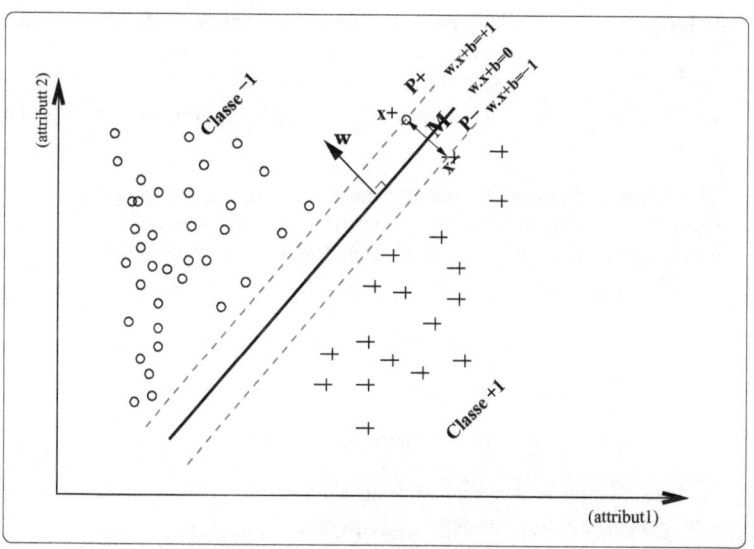

FIG. 4.6 – Construction de l'hyperplan optimal dans le cas de données linéairement séparables (Marge dure)

d'où

$$M = \frac{2\sqrt{\langle w \cdot w \rangle}}{\langle w \cdot w \rangle} = \frac{2}{\sqrt{\langle w \cdot w \rangle}} \qquad (4.18)$$

$$M = \frac{2}{\| w \|} \qquad (4.19)$$

Trouver l'hyperplan optimal revient donc à maximiser $\dfrac{2}{\| \mathbf{w} \|}$ ou ce qui est equivalent à minimiser $\dfrac{\| w \|^2}{2}$ sous la contrainte 4.16. C'est un problème de minimisation quadratique avec contraintes linéaires. Selon le principe de Lagrange [20], pour résoudre un problème d'optimisation sous contraintes, il suffit de rechercher un point stationnaire (un point qui annule sa dérivée) z_0 du lagrangien $L(z,\alpha)$ de la fonction g à optimiser et les fonctions C_i^g exprimant les contraintes :

$$L(z, \alpha) = g(z) + \sum_{i=1}^{m} \alpha_i C_i^g(z) \qquad (4.20)$$

où les $\alpha_i = (\alpha_1, ..., \alpha_m)$ sont des constantes réelles appelés *coefficients de Lagrange*. On montre en annexe B que dans notre cas, il s'agit de maximiser :

$$L(w, b, \alpha) = \sum_{i=1}^{m} \alpha_i - \frac{1}{2} \sum_{i,j=1}^{m} \alpha_i \alpha_j y_i y_j \langle x_i \cdot x_j \rangle \quad \text{sous la contrainte} \quad \sum_{i=1}^{m} \alpha_i y_i = 0; \; \alpha_i \geqslant 0$$

$$(4.21)$$

Le système d'équations 4.21 est désigné par la forme duale de la fonction objective à minimiser. C'est un problème d'optimisation quadratique pour lequel la solution est de la forme $\alpha^0 = (\alpha_1^0, ..., \alpha_m^0)$. Le théorème de Kuhn-Tucker donne une condition nécessaire et suffisante pour que α_0 soit optimal, soit :

$$\alpha_i^0 [y_i [(w_0 \cdot x_0) + b_0] - 1] = 0 \quad \text{pour i=1,..,m} \tag{4.22}$$

Ce qui implique que : $\alpha_i^0 = 0$ ou

$$[y_i [(w_0 \cdot x_i) + b_0]] = 1$$

Les caractéristiques de la solution sont tels que :

1. La plupart des coefficients α_i sont nuls.

2. **w** (le vecteur normal au plan de séparation) $w = \sum_{i=1}^{m} \alpha_i y_i x_i$ est ainsi une combinaison linéaire d'un nombre réduit de données. On parle ainsi d'une représentation creuse[12].

3. Les points (ou vecteurs) qui assurent $[y_i [(w_0 \cdot x_i) + b_0]] = 1$ sont appelés *vecteurs de support* [13].

Définition des Vecteurs de Support

On définit les Vecteurs de Support (VS) tout vecteur x_i tel que : $[y_i [(w_0 \cdot x_i) + b_0]] = 1$. Soit :

$$VS = \{x_i \mid \alpha_i > 0\} \quad \text{pour i=1,...,m}$$

d'où le calcul de w_0 et b_0

$$w_0 = \sum_{VS} \alpha_i^0 y_i x_i \tag{4.23}$$

$$b_0 = -\frac{1}{2} [(w_0 \cdot x^*(1))] + [(w_0 \cdot x^*(-1))] \tag{4.24}$$

La fonction de classement est définie alors par :

---

[12] *Sparse representation*
[13] *Vector Support*

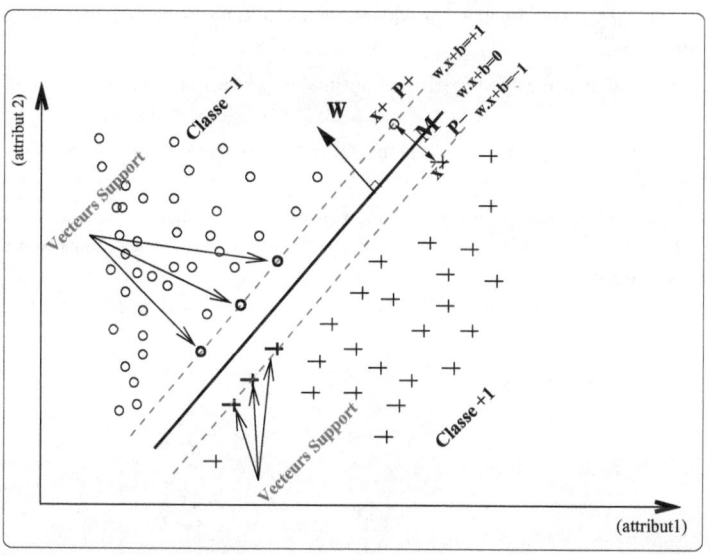

FIG. 4.7 – les points (ou vecteurs) qui assurent $[y_i[(w_0 \cdot x_i) + b_0] = 1$ sont appelés *vecteurs de support*

$$class(x) = sign[(w_0 \cdot x) + b_0] \qquad (4.25)$$
$$= sign[\sum_{x_i \in VS} \alpha_i^0 y_i(x_i \cdot x) + b_0] \qquad (4.26)$$

Ainsi si *class(x)* est inférieur à 0, x est affecté à la classe -1 autrement il est dans la classe +1. Dans le cas de données linéairement séparables, on parle de Séparateurs à Vaste Marge (SVM), avec une marge dure[14].

4.3.5 Cas des données non-linéairement séparables : hyperplan à marge molle

Dans le cas où les données sont non-linéairement séparables, c'est à dire qu'on ne peut pas trouver de fonctions linéaires, qui sépare les données en deux classes même en

---

[14] *Hard Marge SVM*

projettant les données dans un espace augmenté. L'hyperplan optimal doit satisfaire les conditions :

- La distance entre l'hyperplan optimal et les vecteurs bien classés doit être maximale.
- La distance entre l'hyperplan optimal et les vecteurs mal classés doit être minimale.

La formalisation de ces deux conditions implique l'introduction de variables de pénalité non-négatives ξ_i pour i= 1,...,m appelées variables d'écart. Dans ce cas l'inégalité 4.16 devient :

$$y_i(w \cdot x_i + b) \geqslant 1 - \xi_i \quad \text{pour} \quad i = 1, ..., m \tag{4.27}$$

L'objectif, dans ce cas est de minimiser la fonction :

$$
\begin{aligned}
\Psi(w, \Xi) &= \frac{1}{2}\langle w \cdot w \rangle + C \sum_{i=1}^{m} \xi_i \\
&= \frac{1}{2} \parallel w^2 \parallel + C \sum_{i=1}^{m} \xi_i
\end{aligned}
\tag{4.28}
$$

avec C un paramètre de régularisation. Elle permet de relativiser l'importance des erreurs (vecteurs mal classés). Il 's'agit alors de maximiser 4.21 par rapport à α_i sous les contraintes :

$$\sum_{i=1}^{m} \alpha_i y_i = 0 \quad \text{avec} \quad 0 \leqslant \alpha_i \leqslant C \quad \text{pour} i = 1, ..., m \tag{4.29}$$

Le calcul de la normale w_0 et du biais b_0 puis de $class(x)$ reste le même que dans le cas linéaire.

4.4   Les fonctions Noyaux

Il arrive souvent dans un problème d'apprentissage statistique, de changer d'espace de représentation des données, afin de permettre une meilleure extraction de l'information. On espère aussi continuer à utiliser des fonctions linéaires pour traiter des problèmes non linéaires. Soit :

$$
\begin{aligned}
\psi : \mathcal{X} &\longrightarrow \mathcal{H} \\
\mathbf{x} = (x_1, ..., x_n) &\longmapsto \psi(x) = (\psi_1(\mathbf{x}), ..., \psi_N(\mathbf{x})).
\end{aligned}
\tag{4.30}
$$

L'espace des caractéristiques est tel que : $\mathcal{H} = \{\psi(x) | x \in \mathcal{X}\}$.

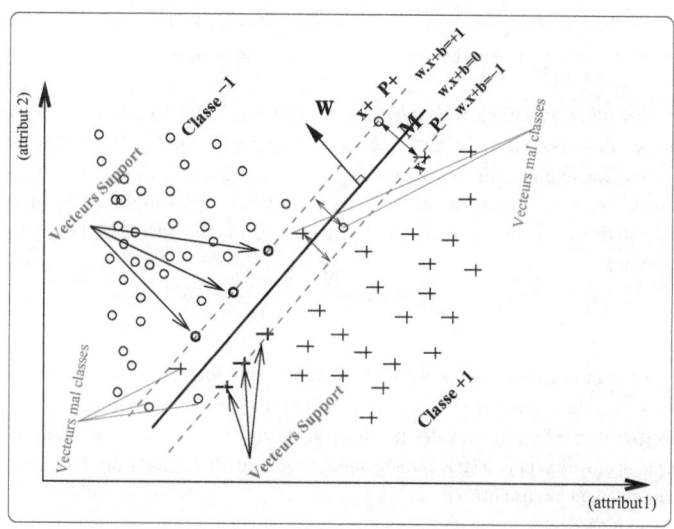

FIG. 4.8 – Exemple de séparation par un hyperplan qui tolère des erreurs de classification

Afin de clarifier les choses, reprenons l'exemple pédagogique précédent 4.3.3 pour lequel nous avons fait un changement de variables d'un espace 2D vers une espace 3D en évaluant les monômes de degrés 2 tenant compte d'une information à priori hypothétique que l'information pertinente est codée dans tous les monômes de degré 2. Cet exemple a montré que ce changement de variable a permis de séparer les données par une fonction linéaire rendant ainsi plus simple leur discrimination. Dans ce cas la fonction de projection ψ est connue, et d'expression simple (polnôme de degré 2). Ceci n'est souvent pas le cas en pratique où la connaissance de la fonction de projection est inconnue. Afin de clarifier ces aspects, considérons un autre exemple. La loi de gravitation de Newton exprimant la force d'attraction entre deux objets de masses respectives m_1 et m_2 séparés par une distance r.

$$f(m_1, m_2, r) = C \frac{m_1 m_2}{r^2} \qquad (4.31)$$

Cette expression ne peut être représentée par une fonction linéaire tel que définie dans le paragraphe 4.2.3. C'est pourquoi nous opérons le changement de variables suivant :

$$(m_1, m_2, r) = (x, y, z) = (\ln m_1, \ln m_2, \ln r) \qquad (4.32)$$

d'où la nouvelle représentation des données :

$\phi(x, y, z) = \ln f(m_1, m_2, r) = \ln C + \ln m_1 + \ln m_2 - 2\ln r = c + x + y - 2z$. Cette représentation peut être évaluée par une fonction linéaire.

Ces deux exemples pédagogiques ne peuvent malheureusement pas traduire tous les cas possibles dans la réalité, car avec l'augmentation des données et leurs attributs, l'évaluation explicite de la fonction de transformation ψ devient très onéreuse en charges de calculs, même pour un calculateur! En effet, et dans le cas du premier exemple, si N= 256 et d=5 (soit une image de taille 16 x 16) la dimension de l'espace de projection devient :

$$N_H = \frac{(N + d - 1)!}{d!(N - 1)!} = 10^{10} \tag{4.33}$$

Nous montrons dans les sections suivantes, que sous certaines conditions, il n'est pas nécessaire de connaître la fonction ψ et d'évaluer explicitement le calcul des images de l'espace d'entrée, qui sont des produits scalaires. L'utilisation de fonctions appropriées appelés noyaux permettra d'alléger énormément les calculs qui sont pourtant définis dans l'espace augmenté $\mathcal{H}$.

4.4.1 L'Astuce du Noyau de Mercer

Nous rappelons que l'idée principale des SVM est de construire une surface de séparation linéaire (l'hyperplan optimal) dans l'espace des caractéristiques $\mathcal{H}$ qui en fait correspond à une surface non linéaire dans l'espace des données $\mathcal{X}$. La construction de l'hyperplan optimal dans cet espace, à conduit à la fonction de décision suivante :

$$class(x) = sign[\sum_{x_i \in VS} \alpha_i^0 y_i(\psi(x_i \cdot \psi(x)) + b_0] \tag{4.34}$$

Il convient de remarquer que la fonction de classement (ou règle de décision) dépend du produit scalaire dans l'espace des caractéristiques. Si on veut que les charges de calcul restent raisonnables ($x \in \mathcal{R}^N$) et que le nombre de paramètres libres du système n'augmente pas, il faut exiger de la fonction ψ de satisfaire la relation suivante :

$$\psi(u).\psi(v) = K(u, v) \tag{4.35}$$

c'est à dire que le produit scalaire dans l'espace des caractéristiques est évalué comme une certaine fonctionnelle des vecteurs de l'espace d'entrée, appelée *noyau.*. Ce terme "noyau" trouve son origine dans la théorie mathématique des opérateurs intégrales. Ainsi il n'est donc plus nécessaire de connaître explicitement la fonction ψ qui projette les données dans l'espace augmenté, puisque celle-ci est remplacée par la fonction noyau.

L'utilisation de la fonction noyau réalise ainsi une projection implicite des données vers l'espace des caractéristiques $\mathcal{H}$ et permet d'entraîner un classifieur linéaire dans cet espace et de procéder aussi à des calculs résultant de cet entraînement, comme nous le montrons en chapitre 5. En conséquence, on gagne à éviter des charges de calculs considérables en évitant de calculer explicitement la fonction ψ. La seule information nécessaire pour cet entraînement est la Matrice de Gram appelée aussi la matrice noyau, notée K et définie comme suit :

Étant donné un ensemble d'apprentissage de m vecteurs $\mathbf{x}_i$ définies dans $\mathcal{X}$

$$K_{i,j} := (k(\mathbf{x}_i, \mathbf{x}_j))_{ij} \tag{4.36}$$

La matrice de Gram est une matrice carrée de taille m x m. Il est très important de remarquer à ce niveau que les charges de calcul ne font intervenir que la taille de l'ensemble d'apprentissage indépendemment de la taille des vecteurs d'entrée. L'essentiel devient ainsi le choix d'une fonction noyau appropriée.

Propriétées de la matrice de Gram

1. K est symétrique, soit K = K' ceci découle du fait que $\langle \mathbf{x}_i, \mathbf{x}_j \rangle = \langle \mathbf{x}_j, \mathbf{x}_i \rangle$ $\forall i$ et j.
2. K est (semi) définie positive, soit pour tout vecteur $\mathbf{x} \in \mathcal{R}^m$ $x'Kx \geqslant 0$. Si $\mathbf{xKx}$ >0 pour tout vecteur x non nul dans $\mathcal{R}^m$, la matrice K est dite définie positive.

Théorème de Mercer

Pour assurer qu'une fonction symétrique, définie positive, admet un développement de la forme suivante :

$$K(u,v) = \sum_{k=1}^{+\infty} \beta_k \psi_k(u) \cdot \psi_k(v) \ \ \text{avec} \beta_k > 0$$

il est nécessaire et suffisant que la condition suivante soit satisfaite :

$$\int \int K(u,v)g(u)g(v)dudv \geqslant 0 \tag{4.37}$$

Pour toute fonction g non nulle définie sur l'espace des données avec :

$$\int g^2(z)dz \geqslant 0 \tag{4.38}$$

Ces fonctions $K(u,v)$ sont appelés les ***noyaux de Hilbert-Schmidt***.

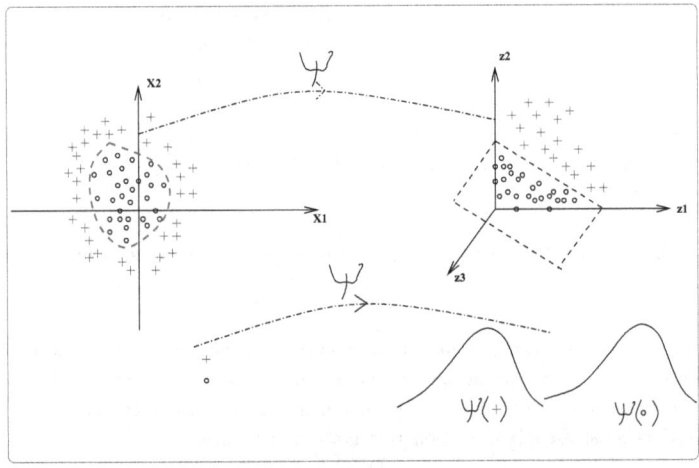

FIG. 4.9 – Exemple de projection des données dans un espace augmenté (espace des caractéristiques)

4.4.2 Exemples de fonctions noyaux

Nous venons de voir, que l'existence de la fonction ψ , pour un noyau donné K, qui transforme l'espace d'origine des données vers l'espace augmenté est assuré par le théorème de Mercer. Ces fonctions appelés aussi noyaux de Mercer permettent d'exprimer un produit scalaire dans l'espace augmenté. On en distingue deux grandes familles [20, 49, 5] :

- les noyaux de projection, de la forme : $K(x,y) = k\langle x \cdot y \rangle$
- les noyaux de distance, de la forme : $K(x,y) = k(\| x - y \|)$

Plusieurs noyaux ont été utilisés par les chercheurs, parmi lesquels :

- Le noyau linéaire : $K(x,y) = \langle x \cdot y \rangle$
- Le noyau polynomial : $K(x,y) = [\langle x \cdot y \rangle + 1]^d$ Avec d le degré du polynôme à indiquer par l'utilisateur.
- Le noyau sigmoïde : $K(x,y) = \tanh(a\langle x \cdot y \rangle + b)$
- Le noyau RBF : $K(x,y) = \exp(-\dfrac{\| x - y \|^2}{\sigma^2})$ avec σ un paramètre à déterminer par l'utilisateur.

– Le noyau de Laplace : $K(x, y) = \exp(- \mid \gamma \mid\mid\mid x - y \mid\mid)$ γ est un paramètre à déterminer.

Les fonctions noyaux étant définies, revenons à la fonction de classement 4.25, celle-ci devient alors :

$$class(x) = sign[\sum_{x_i \in VS} \alpha_i^0 y_i K(x_i, x) + b_0] \tag{4.39}$$

Ainsi le produit scalaire des images des données dans l'espace augmenté par la fonction ψ est remplacé par la fonction noyau. Revenons maintenant à l'exemple 4.3.3, nous avions alors défini la fonction ψ comme :

$$\psi : \mathcal{R}^2 \longrightarrow \mathcal{R}^3$$
$$X = (x_1, x_2) \longrightarrow (x_1^2, \sqrt{2}x_1x_2, x_2^2) \tag{4.40}$$

$$
\begin{aligned}
K(X, Y) &= \langle \psi(X) \cdot \psi(Y) \rangle \\
&= (x_1^2, \sqrt{2}x_1x_2, x_2^2) \cdot \begin{pmatrix} y_1^2 \\ \sqrt{2}y_1y_2 \\ y_2^2 \end{pmatrix} \\
&= (x_1^2 y_1^2 + 2x_1 y_1 x_2 y_2 + x_2^2 y_2^2) \\
&= (x_1 y_1 + x_2 y_2)^2 \\
&= \left[(x_1, x_2) \cdot \begin{pmatrix} y_1 \\ y_2 \end{pmatrix} \right]^2 = (X \cdot Y)^2
\end{aligned}
$$

On remarque ainsi que le noyau correspondant à la transformation ψ de notre exemple est en fait un noyau polynômial de degré 2. Ce principe se généralise à des polynômes de degrés plus élevés.

Construire des Noyaux

Notons qu'il est possible de construire d'autres fonctions noyaux en respectant les propriétés suivantes : Soient K_1 et K_2 deux noyaux définies sur $\mathcal{X} \times \mathcal{X} \subseteq \mathcal{R}^n$, $a \in \mathcal{R}^+$, $g(.)$ est une fonction à valeurs réelles sur $\mathcal{X}$, $\phi : X \mapsto \mathcal{R}^m$ avec un noyau K_3 défini sur $\mathcal{R}^m \times \mathcal{R}^m$ et $\mathbf{B}$ une matrice carrée, semi définie positive. Les fonctions suivantes sont aussi noyaux [20] :

$$K(x, z) = \mathbf{K}_1(x, z) + \mathbf{K}_2(x, z)$$
$$K(x, z) = a\mathbf{K}_1(x, z)$$
$$K(x, z) = \mathbf{K}_1(x, z)\mathbf{K}_2(x, z)$$
$$K(x, z) = f(x)f(z)$$
$$K(x, z) = exp(\mathbf{K}_1(x, z))$$
$$K(x, z) = K_3(\phi(x), \phi(z))$$
$$K(x, z) = x'\mathbf{B}z$$

(4.41)

4.4.3 Sur le choix de la forme de la fonction noyau

Les noyaux qui sont souvent définis à partir d'une mesure de distance $K(x, y) = f(distance)$ traduisent une notion intuitive de similarité (ou dissimilarité) entre les données de l'espace $\mathcal{X}$. Dans la classe des noyaux de distance (le noyau RBF par exemple), connaissant la distance euclidienne entre deux points voisins dans l'espace des données, nous obtenons leur degré de corrélation dans l'espace augmenté au moyen du paramètre de l'écart type σ. Ainsi, les images des points très proches vont être très corréles (valeur du noyau égale à 1) alors que les images des points très distants vont avoir une corrélation nulle.

La lecture bibliographique, montre que le choix d'un noyau est souvent guidé par les connaissances à priori du domaine d'applications mais surtout par une série de tests et essais antérieurs [112]. Les exemples d'applications développées dans les travaux [5, 112] montrent l'importance de l'adéquation noyau-connaissances à priori du domaine. L'auteur de [5] a propose un noyau modifié du RBF adapté à la reconnaissance de caractères manuscrits.

L'importance et l'influence de ce choix sur les performances des algorithmes est telle que, plusieurs auteurs ont investi dans la voie de l'apprentissage automatique des noyaux, ou plutôt des paramètres de ces noyaux. Dans ce contexte on distingue un apprentissage global , valable sur tout l'espace des données ou local valable autour du voisinage d'un point. L'état actuel et les développements récents de cette question sont reportés notamment dans [113].

Pour les applications aux signaux audio, l'expérience de nombreux chercheurs montre que c'est le noyau gaussien RBF qui donne de meilleurs résultas dans la plupart des applications [100, 26, 111, 88]. Ainsi, on énumère dans [91] des arguments qui plaident en faveur de l'utilisation de ces noyaux :

1. Invariance unitaire, soit $k(\mathbf{x}, \mathbf{z}) = k(U\mathbf{x}, U\mathbf{z})$ si $U' = U^{-1}$
2. Invariance par translation.
3. k(x,x) = 1 pour tout élément $\mathbf{x} \in X$ ainsi chaque image du vecteur projeté dans $\mathcal{H}$ a une norme unité $\| \psi(\mathbf{x}) \| = 1$.
4. k($\mathbf{x}, \mathbf{z}$) >0 pour tout $\mathbf{x}, \mathbf{z} \in \mathcal{X}$ ce qui traduit que toutes les images des données projetés sont situés dans le même quadrant dans $\mathcal{H}$.

4.4.4 Sur quelques propriétés mathématiques de l'espace $\mathcal{H}$

Avant de conclure cette section, il est important de comprendre que l'emploi de fonctions noyaux induit la construction implicite d'un espace augmenté $\mathcal{H}$. Dans cet espace nous allons exprimer des produits scalaires, entre images de données projetés. Ces quantités expriment des similarités entre les données. De part l'emploi des noyaux, les données sont exprimés par leurs similarités par rapport aux autres données, soit $\psi(\mathbf{x}) = k(., \mathbf{x})$ et $k(\mathbf{x}, \mathbf{z}) = \langle \psi(x), \psi(z) \rangle$. Pour ce faire l'espace $\mathcal{X}$ doit être seulement un espace non nul, cependant l'espace augmenté doit assurer les propriétés suivantes :

1. $\mathcal{H}$ doit être doté d'une structure linéaire
2. $\mathcal{H}$ doit être doté de l'opérateur produit scalaire
3. $\mathcal{H}$ est Hilbertien
4. $\langle k(., x), f \rangle = f(x)$

Ces propriétés confèrent à $\mathcal{H}$ la dénomination d'espace Hilbertien à noyau reproductible.[15]

4.5 Le $\nu - SVM$

Une contribution significative a été introduite par Schölkopf [92] en proposant une modification à la version originale des SVM (C-SVM). L'idée de base est d'éliminer le

---

[15] *Reproducing Kernel Hilbert Space*

facteur de pénalité C sélectionné par l'utilisateur. Il s'agit d'introduire une nouvelle variable ρ, qui dans le cas d'applications de reconnaissance de formes permet d'ajouter un degré de liberté supplémentaire à la marge. On montre dans [92] que la forme primaire de la fonction objective à minimiser s'écrit :

$$\mathcal{J}(w, \xi, \nu, \rho) = \tfrac{1}{2} \parallel w \parallel^2 - \nu\rho + \frac{1}{m} \sum_{i=1}^m \xi_i \qquad (4.42)$$

avec les contraintes : $y_i(w \cdot \psi(x_i) + b) \geqslant \rho - \xi_i \quad et \quad \xi_i \geqslant 0 \; i = 1..m \; \rho \geqslant 0$

On montre alors que le paramètre ν est tel que ($0 < \nu < 1$). Ce dernier permet de contrôler l'erreur d'apprentissage et la complexité du modèle à travers le contrôle du nombre de vecteurs de support. En effet, le paramètre ν est une borne supérieur de l'erreur d'apprentissage et une borne inférieur du nombre de vecteur de support. Il apparait ainsi clairement l'avantage de cette version des SVM par rapport à C-SVM dans laquelle le paramètre C n'avait pas de signification liée au nombre de vecteurs de support.

En empruntant le formalisme de Lagrange, voir annexe B, la forme duale de la fonction objective à maximiser s'écrit alors :

$$\text{Minimiser} \quad \frac{-1}{2} \sum_{i,j=1}^m \alpha_i \alpha_j y_i y_j k(r_i r_j)$$

$$\text{Sujet à} \quad 0 \leqslant \alpha_i \leqslant \frac{1}{n} \quad i = 1, ..., m \qquad (4.43)$$

$$\sum_{i=1}^m \alpha_i y_i = 0, \; \sum_{i=1}^m \alpha_i \geqslant \nu$$

4.6 Les Méthodes SVM mono-classe (SVM-1)

4.6.1 Introduction

Afin d'apprécier l'utilité des méthodes SVM mono-classe, reprenons l'exemple pédagogique de la classification locuteur-locutrice. Imaginons que l'on s'intéresse aux objets qui correspondent soient aux tours de parole du locuteur ou ceux de la locutrice sans distinction et que hormis ces deux objets, tous les autres ne nous intéressent pas. Dans ce cas, une seule classe "appelée classe cible" est recherchée, les autres objets (d'autres

signaux comme du bruit de fond ou une musique d'ensemble présents dans l'enregistrement sonore de la conversation des deux locuteurs) sont qualifiés d'objets "marginaux".
Ce cas se retrouve pratiquement lorsqu'on fait une indexation parole/Non parole afin de
détecter l'activité parole dans un enregistrement. C'est un problème de description de
données et non pas de classification, bien que parfois on parle aussi de classification non
supervisée, voir figure 4.10. Les algorithmes dédiés pour de tels problèmes apparaissent

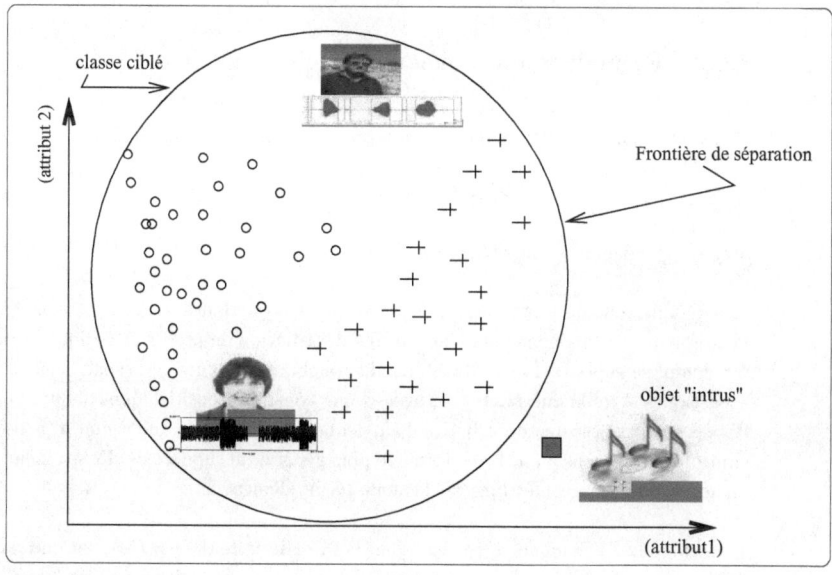

FIG. 4.10 – Imaginons que l'on s'intéresse aux signaux qui correspondent à la parole des
deux locuteurs et que hormis ces deux objets, tous les autres ne nous intéressent pas.
Dans ce cas, une seule classe "appelée classe cible" est recherchée, les autres objets (un
bruit de fond ou une musique jingle par exemple) sont qualifiés d'objets "marginaux"

sous diverses appellations dans la littérature. Les premiers travaux datent de 1993 [77].
Moya fut le premier à utiliser le terme de classifieur mono-classe. Ritter et al [86] emploi
le terme de détecteur de données marginales [16] alors que Bishop [10] met en valeur le
terme de détecteur de nouveautés [17] pour décrire l'intérêt de la méthode aux données
"nouvelles" par rapport à celles ciblées. Ces travaux, mettent en lumière des méthodes

---

[16] *Outliers detection*
[17] *Novelty detection*

qui reposent soient sur les méthodes bayésiennes ou des réseaux de neuronnes. Ainsi l'intérêt pour les méthodes de classification mono-classe est bien antérieur à l'apparition des SVM. Dans cette thèse, on s'intéresse exclusivement à la version des SVM destinés à résoudre les problèmes de description de données appelés SVM mono-classe (SVM-1). Nous détaillons dans 4.7 les principales différences entre les versions des SVM et les problèmes auxquels ils répondent.

4.6.2 Formalisation mathématique des SVM-1

Dans la suite, nous considérons un noyau de forme gaussien, comme suit :

$$k(\mathbf{x}_1, \mathbf{x}_2) = \exp -\frac{1}{2\sigma^2} \|\mathbf{x}_1 - \mathbf{x}_2\|_{\mathcal{X}}^2 \tag{4.44}$$

avec $\| \cdot \|_{\mathcal{X}}^2$ est une norme définie sur $\mathcal{X}$.

Nous partons de l'hypothèse que les vecteurs acoustiques $\mathbf{x}_1$, ..., $\mathbf{x}_m$ sont générés identiquement et indépendemment par une distribution de probabilité (ddp) inconnue. On définit le support d'une ddp S^β par l'ensemble des points de l'espace des vecteurs acoustiques $\mathcal{X}$ telle que $p(\mathbf{x}) \geq \beta$, avec β une constante positive quelconque. Lorsque $\mathcal{X} = \mathbb{R}^d$ et $p(\mathbf{x})$ est une distribution gaussienne multivariée de dimension d, S^β est une ellipsoïde de dimension d. Dans le cas le plus général, le support de densité peut avoir une configuration géométrique quelconque (généralement lisse).

Le modèle SVM mono-classe noté dans la suite de cette thèse SVM-1 est une variante des méthodes SVM dont le but est d'estimer le support de la densité de probabilité des données (ce qui est plus simple que de chercher à estimer une ddp complète), au travers de l'estimation d'une fonction f qui soit positive dans une certaine région de l'espace d'entrée (le support estimé de la distribution), mais qui soit négative partout ailleurs. Cet ensemble se définie comme suit :

$$S^\beta = \{\mathbf{x} \in \mathcal{X} | f^\beta(\mathbf{x}) + b \geq 0\} \tag{4.45}$$

Ce problème d'estimation du support de la ddp revient à estimer une fonction dans l'espace augmenté $\mathcal{H}$ (hilbertien et à noyau reproductible induit par $k(\mathbf{x}_1, \mathbf{x}_2)$) , proche du support de la ddp recherché. En empruntant les outils théoriques des méthodes ν SVM, on montre dans [88] que les fonctions minimisant le risque régularisé s'écrivent en fonction de $\mathbf{x}$ comme :

$$f^\beta(\mathbf{x}) + b = \sum_{i=1}^{m} \alpha_i k(\mathbf{x}, \mathbf{x}_i) + b \tag{4.46}$$

les coefficients de pondération α_i sont dénommés les multiplicateurs de lagrange. Le paramètre ν (réel positif) $\in 0, 1$ joue un rôle de contrôle des vecteurs acoustiques situés en dehors de l'ensemble S^λ. Ces vecteurs sont appelés vecteurs marginaux. Ainsi, choisir par exemple $\nu = 0.2$ équivaut à admettre 20% de vecteurs acoustiques dans $\mathcal{X}$ comme marginaux [18]. On montre dans [88] que asymptotiquement $(1 - \nu)$ est la probabilité que des vecteurs acoustiques soient inclus dans le support S^β. Ainsi la théorie des ν SVM établit concrètement un lien entre β (paramètre inhérant au support de la ddp) et ν (un paramètre explicite des vecteurs acoustiques) et de plus, il est plus facile, en pratique, de régler le choix de ν que celui de β.

A ce problème d'optimisation correspond un problème dual plus simple à résoudre puisque quadratique avec des contraintes linéaires :

$$\text{Minimiser} \quad \frac{1}{2} \sum_{i=1}^{m} \sum_{j=1}^{m} \alpha_i \alpha_j k(\mathbf{x}_i, \mathbf{x}_j) \text{ sujet à } \{\alpha_1, \ldots, \alpha_m\}$$

$$\text{avec} \quad 0 \leq \alpha_i \leq \frac{1}{\nu m} \text{ pour } i = 1, \ldots, m \quad\quad (4.47)$$

$$\text{et} \quad \sum_{i=1}^{m} \alpha_i = 1$$

La résolution du problème 4.47 permet d'obtenir les coefficients de lagrange α_i dont la plupart sont nuls. Les coefficients non-nuls correspondent aux vecteurs contenus dans le support de la densité $p(\mathbf{x})$ et sont naturellement appelés vecteurs de support.

4.6.3 Interprétation géométrique du modèle SVM-1

Le succès du modèle SVM-1 est dû principalement à son interprétation géométrique intuitive. le modèle SVM-1 admet en effet, une simple interprétation géométrique dans l'espace augmenté $\mathcal{H}$: premièrement, les vecteurs acoustiques dans $\mathcal{X}$ sont projetés vers $\mathcal{H}$ au moyen de l'application :$\mathbf{x} \rightarrow k(\mathbf{x}, \cdot)$. Deuxièmement, les vecteurs acoustiques dans $\mathcal{H}$ sont de norme unitaire lorsque le noyau gaussien est choisi, car $\|k(\mathbf{x}, \cdot)\|_{\mathcal{H}}^2 = \langle k(\mathbf{x}, \cdot), k(\mathbf{x}, \cdot)\rangle_{\mathcal{H}} = k(\mathbf{x}, \mathbf{x}) = 1$ (propriétée du noyau reproductible dans l'espace hilbertien), ainsi ces vecteurs sont situés sur la surface d'une hypersphère de rayon unité. Troisièmement, la résolution de Eq.4.47 peut se ramener à trouver dans $\mathcal{H}$ un hyperplan orthogonal $f(\cdot)$ tel que celui-ci serait le plus loin de l'origine, séparant ainsi les données d'apprentissage $k(\mathbf{x}_i, \cdot)$ entre deux classes,—voir figure 4.11.

---

[18] *en anglais :outliers*

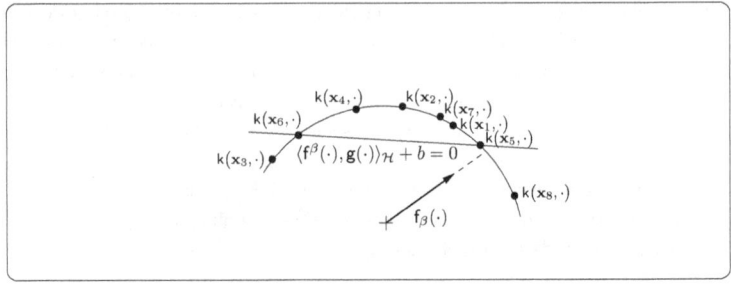

FIG. 4.11 – Interprétation géométrique du modèle SVM-1 dans $\mathcal{H}$. Les vecteurs acoustiques projetés $k(\mathbf{x}_i, \cdot)$, $i = 1, \ldots, m$ sont situés sur une hypersphère de rayon unité. La fonction $f^{\lambda}(\cdot)$ et b définissent un hyperplan d'équation $\langle f^{\lambda}(\cdot), g(\cdot) \rangle_{\mathcal{H}} + b = 0$. La majorité des données est située du côté de l'hyperplan ne comprenant pas l'origine de l'hypersphère. Les coefficients α_i correspondants sont nulles ($i \in \{1, 2, 4, 7\}$), tandis que les points marginaux $k(\mathbf{x}_3, \cdot)$ et $k(\mathbf{x}_8, \cdot)$ sont situés du côté de l'hyperplan comprenant l'origine $\alpha_3 = \alpha_8 = 1/\nu m$. Les points situés sur l'intersection de l'hyperplan et de l'hypersphère vérifient $0 < \alpha_i < 1/\nu m$ ($i \in \{5, 6\}$)

4.6.4 Algorithmes d'implémentation des SVM-1

Afin de trouver les paramètres du modèle SVM-1, il est nécessaire de résoudre un problème d'optimisation quadratique convexe donné par l'équation 4.47. Pour ce faire, Il existe dans la littérature une profusion d'outils mathématiques et de routines informatiques [20]. Pour notre part, nous avons utilisé le formalisme LIBSVM et sa version interface avec Matlab [16].

Au problème d'optimisation indiqué, existe une formulation matricielle :

$$\min_{\alpha} \quad \frac{1}{2}\boldsymbol{\alpha}^t Q \boldsymbol{\alpha}$$
$$\text{sujet à} \quad 0 \leq \alpha_i \leq \frac{1}{\nu m} \text{pour} \quad i = 1, \ldots, m \qquad (4.48)$$
$$\text{avec} \quad \mathbf{e}^T \boldsymbol{\alpha} = 1$$

avec $Q_{ij} = K(x_i, x_j) \equiv \psi(x_i)\psi(x_j)$ la matrice Q_{ij} est appelée *matrice de Grahm Schmidt*.

Dans LIBSVM c'est une plutôt une version normalisée de 4.48 qui est résolue :

$$\min_{\alpha} \quad \frac{1}{2}\boldsymbol{\alpha}^t Q \boldsymbol{\alpha}$$
$$\text{sujet à} \quad 0 \leq \alpha_i \leq 1 \text{pour} \quad i = 1, \ldots, m \qquad (4.49)$$
$$\text{avec} \quad \mathbf{e}^T \boldsymbol{\alpha} = m\nu.$$

et la fonction de décision est telle que :

$$sgn\left(\sum_{i=1}^{m} \alpha_i K(x_i, x) - b\right)$$

Il existe plusieurs approches pour la résolution de ce problème quadratique[19]. La difficulté réside dans la densité de la matrice de Grahm Q_{ij} qui dans le cas d'un grand volume de données peut conduire à de lourdes charges de calcul et consommer beaucoup de ressources mémoire. Dans LIBSVM il est fait appel aux méthodes de décomposition itératives (ou successives) pour surmonter cette difficulté. Pour ce faire, on part du constat que la résolution du problème quadratique peut donner lieu à un vecteur α creux, soit un grand nombre de α_i nuls ou égales à $\frac{1}{\nu}$.

Ainsi les différentes méthodes de décomposition (chunking, méthode de Osuna ou minimisation séquentielle) tentent de réduire la taille de la matrice Q sans altérer la forme de la fonction objective à minimiser et avec la contrainte qu'une solution α valide doit respecter les conditions de KKT(Karush Kuhn Tucker). Ainsi le problème global est décomposé en sous-problèmes plus simples à résoudre et revient pratiquement à considérer un sous-ensemble de α à optimiser à chaque itération.

La méthode la plus populaire et qui est également implémentée par les auteurs de LIBSVM est la méthode d'optimisation par minimisation séquentielle (SMO)[20] proposée par Platt [20, 16] est considérée comme le cas extrême des méthodes de décomposition successives. Ainsi, à chaque itération elle résoud un PQ de taille égale à deux, dont la résolution est d'ailleurs analytique. Une revue détailléeé de telles méthodes se trouve dans les références [5, 16, 88].

4.7 Classifieurs mono-classe, bi-classe et multi-classe : Quelles méthodes pour quelles applications

Il nous semble important de clarifier au lecteur les différences théoriques et pratiques entre les principales versions des méthodes SVM afin qu'il puisse comprendre aisément notre choix d'utiliser les SVM mono-classe pour notre application de segmentation de discours multi-locuteurs. Les méthodes SVM classiques (bi-classes et multi-classes) sont destinés à répondre à des problèmes de classification de données entre deux ou plusieurs classes. On dispose alors de données étiquetées énumérées dans un ensemble

---

[19] *On parle aussi de programmation quadratique ou QP*
[20] *Sequential Minimal Optimization*

appelé ensemble d'apprentissage, qui représente un sous-ensemble de l'ensemble des données disponibles. Le problème de classification consiste formellement à déterminer des surfaces de séparations (hyperplans à marge maximales) permettant de distinguer les données de chaque classe. De tels classifieurs donnent des performances médiocres lorsque les données ne sont pas distribuées équitablement (ne sont pas balancés) entre les classes et à fortiori lorsqu'une classe est sous-échantilonnée voir presque absente (très faible population). [100].

Devant de telles situations, c'est à dire absence de données étiquetées ou lorsque l'objectif recherché n'est pas celui de classifier les données mais plutôt d'en décrire la structure. On se trouve alors dans un domaine de partitionnement de données [21] appelé également classification non-supervisé. Le but étant alors de déterminer une description des données d'une seule classe (appelée classe cible)[22] afin de déterminer un ensemble homogène. Toutes les autres données qui ne ressemblent pas aux données de la classe cible sont considerées comme des données marginales.

Les applications des SVM-1 concernent ainsi la détection de données marginales. Un exemple concret de données marginales (ou données intruses) apparait dans des mesures expérimentales dont certaines peuvent comporter des valeurs hors échelle. Un second champ d'applications est la surveillance de systèmes (machines ou processus industriels). Le problème sous-jacent est celui de la classification entre deux classes "désequilibrées". C'est à dire que l'on dispose d'une classe sous-echantillonnée pour laquelle disposer de mesures fiables est très difficile ou très onéreux à obtenir. Un cas pratique est la détermination de l'état de fonctionnement nominal d'une machine (ou sysètme) : les données de la classe sous-échantillonnée représentent les états défectueux de la machine (ou du système). On imagine aisément, la difficulté d'obtenir les données correspondants à de telles situations défectueuses de la machine, notamment pour une machine assez neuve dont l'historique est court. Il est par ailleurs plus simple d'obtenir les données correspondant à son fonctionnement normal, qui logiquement est son état stable (c'est la classe dont les données sont bien échantillonnées). Une comparaison des données de la classe normale par rapport aux données "nouveaux" permettrait de détecter un mauvais fonctionnement de la machine et de déclencher éventuellement une alerte [52].

Une autre application intéressante est celle de la comparaison de deux ensembles de données. Il s'agit d'en mesurer la similarité (ou la déssimilarité) au travers de l'entraînement de classifieurs mono-classe tels que les SVM-1 à deux ensembles de données et d'en déduire un index de similarité. Nous reprenons dans cette thèse, les travaux

---

[21] *Clustering methods*
[22] *Target class*

originaux de F. Desobry et M. Davy [26] pour en faire un outil de segmentation de signaux de parole dans le cadre de l'indexation en locuteurs de fichiers sonores.

4.8 Conclusions

Nous venons de décrire dans ce chapitre une revue succinte de la théorie des Méthodes à Vecteurs Support, synthétisée à partir de la documentation bibliographique. Nous avons ainsi mis en valeur le lien avec la théorie de l'apprentissage automatique statistique et éclairé le lecteur sur les différentes versions des SVM. Nous avons tenté de décrire les applications ciblées par les différentes classes de méthodes SVM (mono-classe, bi-classe ou multiclasses).

Les algorithmes et les techniques d'implémentation des SVM sont nombreuses dans la littérature nous avons abordé ces aspects afin de préciser nos choix et d'orienter les futures chercheurs intéressés par ces aspects.

Dans le cadre de notre application et en cohérence avec les hypothèses de départ, il apparait ainsi que les méthodes SVM mono-classe sont bien adaptées à notre problème de comparaison de deux ensembles de données (deux segments de paroles dues à deux locuteurs) afin d'en déduire une mesure de similarité. Celle-ci est utilisée pour la segmentation d'un signal de parole relatif à un discours multi-locuteur.

Chapitre 5

Application des SVM mono-classe pour l'indexation en locuteurs

5.1 Introduction

L'objectif de ce chapitre est de décrire l'application des Méthodes à Vecteurs de Support mono-classe (SVM-1) pour l'indexation en locuteurs de signaux audio. Il s'agit de décrire une méthode de segmentation originale construite avec une mesure de similarité définie dans l'espace des caractéristiques[1] cf. chapitre 4. Nous montrons comment construire cette index de similarité, et comment en faire un outil de segmentation de signaux de parole de discours multilocuteurs. Ainsi, nous détaillons dans ce chapitre la construction et la mise en oeuvre de deux algorithmes utilisant cet index de similarité, un algorithme de détection de ruptures et un autre de regroupement hiérarchique agglomératif.

Dans cette section nous reprenons le formalisme mathématique développé dans le chapitre 2 sur l'état de l'art et plus particlièrement avec les méthodes de segmentation construite à l'aide de la méthode du Rapport de Vraisemblance Généralisé (RVG) .

---

[1] *Feature Space*

90

5.2 Un algorithme de détection de ruptures basé SVM-1

Le principe de l'algorithme "Kernel Change Detection" (KCD) développé dans [26] est de comparer les ensembles $X_p(n)$ et $X_f(n)$ au travers de la comparaison de leurs support de densité de probabilité (ddp). L'algorithme KCD applique un modèle SVM-1 aux données afin d'estimer leur support de ddp. On en déduit alors une mesure de similarité définie dans l'espace des caractéristiques et grâce à l'astuce du noyau de Mercer peut être évaluée dans l'espace originel des données. C'est ce que nous détaillons dans la section suivante.

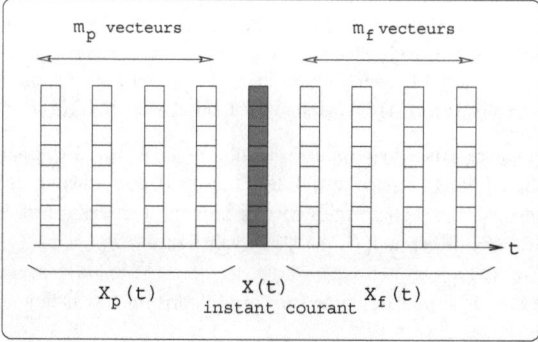

FIG. 5.1 – Le principe de l'algorithme "Kernel Change Detection" (KCD) est de comparer les ensembles $X_p(n)$ et $X_f(n)$ au travers de la comparaison de leurs support de ddp

5.2.1 Une mesure de similarité basée sur SVM-1

Cette mesure est construite sur le principe que les ensembles $X_p(n)$ et $X_f(n)$ sont similaires si et seulement si les supports de densités estimés sont similaires selon un certain critère. Notons, que dans l'espace initial des données $\mathcal{X}$, la forme des contours de décision représentant $S_p^\nu(n)$ et $S_f^\nu(n)$ peuvent être complexes et discontinus, rendant ainsi la définition d'une mesure de similarité dans cet espace très difficile. Heureusement, l'interprétation géométrique des SVM-1 dans l'espace augmenté $\mathcal{H}$ permet d'en déduire une mesure très intuitive et simple à mettre en oeuvre : les quantités $S_p^\nu(n)$ et $S_f^\nu(n)$ correspondent géométriquement aux hypercercles résultants de l'intersection

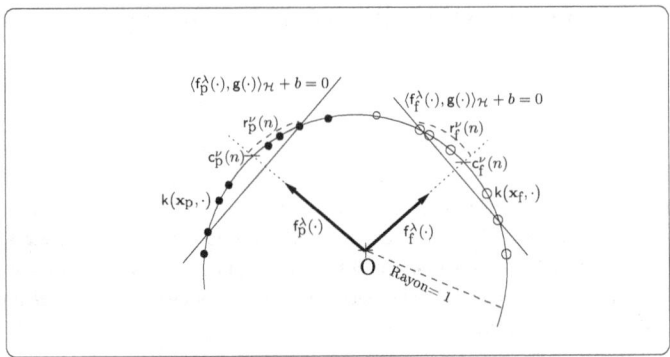

FIG. 5.2 – La situation représentée ici correspond à une détection de ruptures, car les hyperplans représentés par $f_p^\lambda(\cdot)$ (correspondant à l'ensemble passé immédiat – cercles pleins) et $f_f^\lambda(\cdot)$ (correspondants à l'ensemble futur immédiat – cercles vides) sont distinctement séparés, et la distance $d\big(c_p^\nu(n), c_f^\nu(n)\big)$ est grande par rapport aux arcs $r_p^\nu(n)$ et $r_f^\nu(n)$

de l'hypersphère avec l'hyperplan, voir figure 5.2. Ainsi, la comparaison des quantités $S_p^\nu(n)$ et $S_f^\nu(n)$ dans l'espace initial des données $\mathcal{X}$ se ramène à une comparaison dans $\mathcal{H}$ en comparant les hypercercles correspondants dont les centres sont notés $c_p^\nu(n)$ et $c_f^\nu(n)$ et les arcs de cercle $r_p^\nu(n)$ et $r_f^\nu(n)$, voir figure 5.2.

La mesure de similarité basée sur notre algorithme est définie comme suit [26] :

$$D^\nu(n) = \mathcal{D}(X_p(n), X_f(n)) = \frac{d\big(c_p^\nu(n), c_f^\nu(n)\big)}{r_p^\nu(n) + r_f^\nu(n)} \tag{5.1}$$

$D^\nu(n)$ étant définie dans l'espace des caractéristiques $\mathcal{H}$ est évaluée en termes de produits scalaires dans cet espace et en vertu du théorème de Mercer à partir des fonctions noyaux dans $\mathcal{X}$.

En pratique $D^\nu(n)$ est calculée à partir des coefficients α_i de chaque support de densité $S_p^\nu(n)$ et $S_f^\nu(n)$, de la manière suivante :

$$
\begin{aligned}
d\big(c_p^\nu(n), c_f^\nu(n)\big) &= \arccos\Big(\frac{\langle f_p^\lambda(\cdot), f_f^\lambda(\cdot)\rangle_{\mathcal{H}}}{\|f_p^\lambda(\cdot)\|_{\mathcal{H}} \cdot \|f_f^\lambda(\cdot)\|_{\mathcal{H}}}\Big) \\
&= \arccos\Big(\frac{\boldsymbol{\alpha}_{n,p}^{\mathsf{T}} \mathbf{K}_{n,\mathrm{pf}} \boldsymbol{\alpha}_{n,f}}{\sqrt{\boldsymbol{\alpha}_{n,p}^{\mathsf{T}} \mathbf{K}_{n,\mathrm{pp}} \boldsymbol{\alpha}_{n,p}}\sqrt{\boldsymbol{\alpha}_{n,f}^{\mathsf{T}} \mathbf{K}_{n,\mathrm{ff}} \boldsymbol{\alpha}_{n,f}}}\Big)
\end{aligned}
\tag{5.2}
$$

en développant selon les coefficients α_i les termes $f_p^\lambda(\cdot)$ et $f_f^\lambda(\cdot)$ de l'équation Eq.4.46.

Dans l'expression Eq.(5.2), les matrices noyaux $\mathbf{K}_{n,uv}(u,v)$ pour $(u,v) \in \{\text{p},\text{f}\} \times \{\text{p},\text{f}\}$ ont les éléments données par $k(\mathbf{x}_{n,u}^i, \mathbf{x}_{n,v}^j)$ avec $\mathbf{x}_{n,u}^i$ est le vecteur d'entraînement $\#i$ dans l'ensemble $\mathsf{X}_u(n)$. De plus les vecteurs $\boldsymbol{\alpha}_{n,\text{p}}$ et $\boldsymbol{\alpha}_{n,\text{f}}$ s'expriment en termes des multiplicateurs de Lagrange provenant de la résolution de 4.47 pour les ensembles $\mathsf{X}_\text{p}(n)$ et $\mathsf{X}_\text{f}(n)$. Des développements similaires conduisent aux expressions de $r_\text{p}^\nu(n)$ et $r_\text{f}^\nu(n)$, tel que :

$$r_\text{p}^\nu(n) = \arccos\left(\frac{b_{n,\text{p}}}{\sqrt{\boldsymbol{\alpha}_{n,\text{p}}^\mathsf{T} \mathbf{K}_{n,\text{pp}} \boldsymbol{\alpha}_{n,\text{p}}}}\right) \tag{5.3}$$

$$r_\text{f}^\nu(n) = \arccos\left(\frac{b_{n,\text{f}}}{\sqrt{\boldsymbol{\alpha}_{n,\text{f}}^\mathsf{T} \mathbf{K}_{n,\text{ff}} \boldsymbol{\alpha}_{n,\text{f}}}}\right) \tag{5.4}$$

Dans ce contexte, Il est important de souligner, que d'autres mesures de similarités peuvent être proposées suivant cette théorie [25]. Associée à des descripteurs acoustiques adéquats (voir chapitre 3), cette mesure permet la segmentation de séries temporelles $\mathbf{x}(n)$. Un travail consacré aux signaux musicaux dans [26] montre l'efficacité et les performances d'une telle mesure. Dans ce chapitre nous tacherons de transposer ce résultat pour les signaux de parole.

Une propriété importante de cette mesure est le fait que sa complexité calculatoire (ce qui est différent des charges de calculs mais qui est tout de même corrélé) dépend uniquement des nombres de vecteurs acoustiques (ou descripteurs) dans chaque ensemble $\mathsf{X}_\text{p}(n)$ et $\mathsf{X}_\text{f}(n)$ et ne dépend absolument pas (théoriquement) de la dimension de ces descripteurs. Cette propriété très forte fait la différence par rapport aux autres méthodes de segmentations, car elle permet d'utiliser des vecteurs acoustiques de très grande dimension sans altérer la performance de segmentation de cette métrique. Cette propriété sera exploité plus loin dans ce manuscrit (voir chapitre 6).

5.3 Détection de changement de locuteurs

5.3.1 Un algorithme de détection de ruptures basé SVM-1

Nous présentons ci-après un algorithme de détection de ruptures basé SVM-1 que nous mettons en oeuvre pour la segmentation en locuteurs. Il est supposé une étape préalable de paramétrisation acoustique détaillée en chapitre 3 et que nous reprenons plus tard dans le cadre des évaluations expérimentales, voir chapitre 6.

- Pour $n = m_p + 1, m_p + 2, \dots$, jusqu'a atteindre la fin du signal, Faire
    1. Former les ensembles $X_p(n)$ et $X_f(n)$, de part et d'autres de l'instant courant d'analyse n
    2. Calculer les coefficients de Lagrange $\alpha_{n,p}$ et $\alpha_{n,f}$ et le terme d'offset $b_{n,p}$ et $b_{n,f}$ correspondants aux ensembles passés et futures $X_p(n)$ et $X_f(n)$, respectivement.
    3. Calculer l'index de similarité $D^\nu(n)$ definie dans l'équation Eq. (5.1)
- Détection des instants de ruptures à partir de la fonction discrète $D^\nu(n)$ en appliquant un seuil fixe ou adaptative comme celui développée dans [94]. Nous avons repris cette technique décrite en détail dans 2.5.1

A cette étape, il est important de distinguer deux stratégies pour la prise de décision (détection ou pas d'un instant de rupture). Celle-ci peut être effectuée séquentiellement à chaque instant d'analyse ou bien à la suite du calcul de la courbe des distances. Nous avons opté pour cette dernière solution.

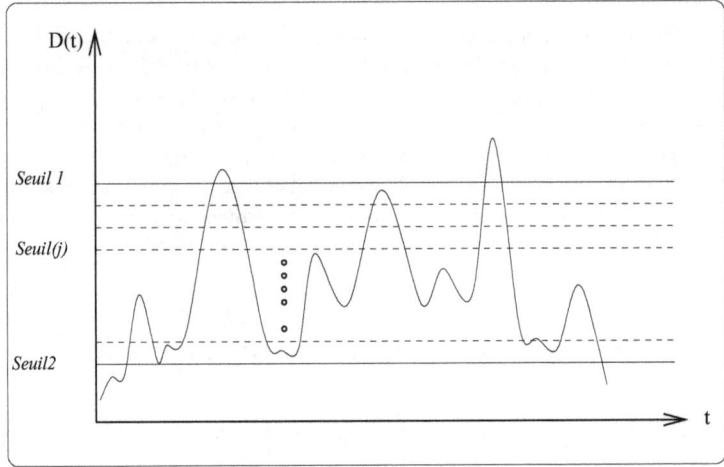

FIG. 5.3 – Détermination optimal du seuil

5.3.2 Sur le choix du seuil de décision

Le choix du seuil est effectué, comme dans toute méthode équivalente, dans l'objectif de réaliser un compromis entre les erreurs de fausse alarme et de détection manquée que nous avons déjà évoqué dans 2.8.2 et que nous rappelons brièvement dans cette section. Une erreur d'insertion se produit lorsqu'un changement de locuteur est détecté alors que celui-ci n'existe pas dans le fichier réel analysé. Une erreur d'omission correspond au fait de manquer de détecter un changement de locuteur alors que celui-ci existe. On l'appelle aussi l'erreur de détection manquée (DM).

En général, le seuil est choisi pour atteindre le taux d'égale erreur (EER)[2], c'est à dire le TFA=TDM en utilisant une courbe ROC ou DET. cf 2.8. Ainsi, un instant candidat est déclaré erreur d'insertion ou erreur de fausse alarme si on ne trouve pas un instant de référence qui l'entoure dans un intervalle de confiance prédéfini. De même, l'absence d'un instant candidat (généré par notre système) autour d'un instant de référence correspond à une erreur d'omission ou détection manquée.

Pour les bases de données réelles que nous avons expérimenté, le critère de performance établi et fourni par l'institut NIST est le « Speaker Diarization Error » ou « Diarization Error Rate » (DER) obtenu par un script en langage perl (revoir 2.8.7 pour d'amples détails). Nous avons choisi une autre approche pour la sélection d'un seuil optimal. Celle-ci consiste à définir deux valeurs remarquables du seuil appelés $Seuil_1$ et $Seuil_2$, comme suit :

$$Seuil_1 = \frac{\max(Distance)}{2}$$
$$Seuil_2 = EER\_seuil \qquad (5.5)$$

Puis nous évaluons l'erreur de classification pour tout le seuils évoluant entre ces deux limites par incrémentation fixe d'un pas obtenu selon le choix d'un nombre de seuil désiré : Ainsi si on veut choisir 10 seuils entre $Seuil_1$ et $Seuil_2$ le calcul du pas est tel que : $paseuil = \frac{Seuil1 - Seuil2}{10}$. L'avantage de cette technique est la certitude de trouver un seuil optimal (qui assure un DER minimal).

---

[2]Equal Error Rate

5.3.3 Le regroupement hiérarchique

Suite à la détection de ruptures, nous sommes en présence d'une collection d'objets (segments de paroles homogènes/locuteurs) et nous devons regrouper ces objets par classes (les locuteurs), (voir [58] et les références incluses pour une revue détaillée de cette question). Nous avons choisi de mettre en oeuvre le regroupement hiérarchique agglomératif qui consiste à considérer au départ chaque segment comme étant une classe et à chaque itération on réunit deux classes les plus proches au sens d'un critère, appelé critère de regroupement [27, 24]. Dans ce cas ce critère est la mesure de similarité définie dans la section 5.2.1.

L'algorithme ci-après décrit l'implémentation de cette classification :

Le nombre d'instants de ruptures détecté par l'algorithme 1 est désigné par N. Le segment de parole correspondant au locuteur $\#j$ à l'itération $\#i$ est noté $s_{i,j}$. Nous avons donc ℓ_i segments de paroles locuteurs à l'itération $\#i$.

Algorithm 2: Un algorithme de regroupement hiérarchique par locuteur

– Attribuer $\ell_1 \leftarrow N$

– Répéter jusqu'à l'obtention d'un seul segment (jusqu'à obtenir une seule classe)

  – Pour $j = 1, \ldots, \ell_i - 1$ et $j' = j + 1, \ldots, \ell_i$, calculer $\mathcal{D}(s_{i,j}, s_{i,j'})$

  – Grouper les deux plus proches segments (ceux dont les indices $\hat{j}$ et $\hat{j}'$ sont tel que $\mathcal{D}(s_{i,\hat{j}}, s_{i,\hat{j}'})$ est minimum) pour former une seule classe $s_{i+1,\hat{j}}$.

  – Pour les autres segments, mettre $s_{i+1,j} \leftarrow s_{i,j}$

  – Affecter $\ell_{i+1} \leftarrow \ell_i - 1$, et réarranger les étiquettes des autres segments, de sorte à obtenir les segments $\{s_{i+1,j}\}$, $j = 1, \ldots \ell_{i+1}$

  – Affecter $i \leftarrow i + 1$

– **Couper le dendrogramme à une hauteur donnée**

Dans l'allgorithme 2, la mesure de similaritée utilisé pour regrouper les segments de paroles de locuteurs est celle définie dans Eq. 5.1. Son évaluation nécessite le calcul des coefficients de Lagrange résultant de l'entraînement des classifieurs SVM-1, pour l'ensemble des vecteurs acoustiques présents dans les deux ensembles $X_p(n)$ et $X_f(n)$. Ce qui nécessite leur calcul pour l'ensemble des segments de la première itération et puis pour chaque ensemble de segments fusionnés. Les charges de calcul sont alors plus importantes que dans l'algorithme 1, ce qui justifie l'emploi d'un technique de calcul rapide développée dans [22].

Ce processus de regroupement est répté jusqu'à l'obtention d'une classe unique, autrement dit jusqu'à ne laisser qu'un seul segment non fusionné. La sortie de l'algorithme 2 est représentée par un graphe appelé dendrogramme qui illustre les regroupements de segments operés à chaque itération, revoir 2.4.3. Nous avons choisi de mettre en oeuvre le regroupement hiérarchique agglomératif avec la règle de couplage complète[3] suite à des essais sur des signaux de simulation. Ce qui a guidé notre choix pour retenir cette règle de regroupement des classes.

Pour la sélection de la partition finale et par suite la détermination du nombre de locuteurs détecté il est nécessaire d'opter pour une méthode de parcours du dendrogramme. Pour résoudre cette question, il existe de nombreuses approches dans la littérature. Le lecteur intéressé trouvera dans [67] et les références incluses de plus amples détails.

Nous avons choisi une méthode simple et efficace qui consiste à couper le dendrogramme à une certaine hauteur , c'est à dire, faire une hypothèse prélabale d'un nombre de locuteurs donné puis vérifier celle-ci en évaluant l'erreur de classification DER. Nous montrons dans le chapitre résultats 6 l'efficacité d'une telle technique.

5.4 Discussions

5.4.1 Propriétes de la méthode

Une des principales propriétes justifiant l'originalité et l'opportunité de l'emploi des SVM mono-classe est la complexité de l'apprentissage qui théoriquement ne dépend que de la taille des ensembles $X_p(n)$ et $X_f(n)$, c'est à dire du nombre m. Elle est donc complètement indépendante de la taille des vecteurs acoustiques d dans $\mathcal{X}$. De ce fait, le support de la densité de probabilité ayant généré les données peut-être appris (modélisé) en utilisant un nombre réduit de données comparativement à la dimension des vecteurs acoustiques.

Notre approche exploite cette propriété remarquable des SVM-1 pour tester des paramétrisations acoustiques diverses en concaténant des vecteurs hétérogènes de grande

---

[3] *Complete Linkage agglomerative rule*

dimension (souvent de taille supérieur à 20 composantes) à des fin d'amélioration des performances de classification. Cette piste dont les fondements théoriques sont relatés dans le chapitre 3 est illustrée avec de nombreuses expériences dans le chapitre des évaluations et résultats 6. Il s'avère ainsi que la redondance des informations est dans cette approche assez bénéfique puisque porteuse d'informations permettant l'amélioration des performances de classfication.

5.4.2 Interprétations et comparaisons avec d'autres méthodes

Un autre aspect permettant la comparaison avec des méthodes standard comme l'approche RVG-BIC est l'interprétation en termes de rapport de vraisemblance. Cette interprétation appuyée par la théorie statistique est solidement ancrée et bien établie dans la comunauté des traiteurs de signaux de parole. Des travaux récents [14] montrent que la mesure définie dans 5.1 admet une interprétation en termes de rapport de vraisemblance modifié, dans le cadre des méthodes de distributions exponentielles.

Une différence fondamentale par rapport aux méthodes RVG-BIC est l'affranchissement des méthodes SVM1 d'une hypothèse de modélisation de la ddp des données analysés. Une discussion dans ce sens peut être trouvée dans [26].

5.5 Conclusions

Nous venons de présenter dans ce chapitre, une méthodologie d'application des méthodes SVM mono-classe à la segmentation de signaux de parole de discours multi-locuteurs. Nous avons présenté deux algorithmes mettant en oeuvre une détection de ruptures délimitant les frontières entre segments de paroles des locuteurs puis un regroupement des segments homogènes selon les locuteurs. Bien qu'elle constitue une méthode alternative prometteuse, son efficacité sera jugée au travers de nombreuses expériences mettant en oeuvre une comparaison avec la méthode RVG-BIC que nous avons adopté comme référence. Le chapitre suivant détaillera les expériences et simulations sur plusieurs bases de données de discours multilocuteurs.

Chapitre 6

Expériences et évaluations des résultats

6.1 Introduction

La présente section expose les différentes expériences réalisées sur des signaux de simulation et des signaux réels dans l'objectif de valider notre nouvelle approche pour l'indexation en locuteurs. Nous comparons notre approche par rapport à la méthode RVG-BIC prise comme référence (voir chapitre 2).

6.2 Le système de référence

Notre système de référence, cf. chapitre 2 met en oeuvre un système séquentiel à deux étages :

- Un étage de détection de ruptures implémentant la méthode DISTBIC basée sur le rapport de vraisemblance généralisé utilisant un critère d'information bayésien [24]. Nous utilisons un modèle monogaussien avec une matrice de covariance diagonale.

- Un étage de regroupement implémentant la méthode de regroupement hiérarchique agglomératif utilisant la règle d'estimation complète. La distance utilisée est le RVG contraint par le critère d'arrêt BIC.

Aucun prétraitement particulier, tel que la séparation en macro classes acoustiques (séparation hommes/femmes par exemple) n'est effectué. Nous rappelons aussi, qu'aucune connaissance à priori tel que le nombre de locuteurs ou leurs genres n'est disponible.

6.3 Expériences sur des signaux de simulation

Par signaux de simulation, nous entendons la fabrication de fichiers sonores simulant des discours multi-locuteurs par concaténation de plusieurs fichiers sonores mono ou multilocuteurs. Nous connaissons alors, par construction, les instants de références en nombre et en position.

Ces expériences ont pour but de réaliser une première évaluation de notre méthode comparativement à la méthode de référence RVG-BIC, le but poursuivi est de cerner les variations des paramètres des deux méthodes.

6.3.1 Description des données

Pour la base de données locale (ALSIG) [99], les fichiers ont été enregistrés à partir du web au moyen du logiciel praat [11]. La segmentation de référence est obtenue également par annotation manuelle, une option offerte par le logiciel praat-voir figure 6.1. Ces fichiers sonores sont structurés comme suit :

- 6 enregistrements radiodiffusées de la Radio Algérienne désignées par bndz1 à bndz6 de 10 mn chacun, en langues arabe et française.

- 4 fichiers sonores de durées 3 minutes chacun et pour lesquelles l'intervention moyenne de chaque locuteur est de 3 secondes en moyenne.

6.3.2 Mesures de performances

Pour la base de données (ALSIG) utilisée pour une première évaluation de notre méthode, le critère de performance retenue est la mesure des erreurs d'insertions et d'omissions. Une erreur d'insertion se produit lorsque un changement de locuteur est détecté alors que celui-ci n'existe pas dans le fichier réel analysé. Une erreur d'omission correspond au fait de manquer de détecter un changement de locuteur alors que celui-ci existe. On l'appelle aussi l'erreur de détection manquée (DM). Notre méthode de segmentation en locuteurs étant conçu pour être insérée dans un système d'indexation global, dans ce cas une erreur d'insertion (ou fausse alarme) (FA) due à une surseg-mentation s'avère toujours moins critique qu'une erreur de détection manquée due à

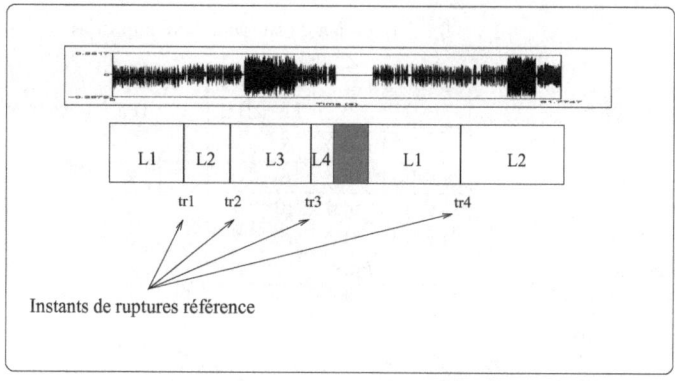

FIG. 6.1 – Exemple d'une annotation manuelle d'un fichier sonore

une sous-segmentation. Ceci s'explique par le fait que l'étage de détection de rupture est suivi séquentiellement par l'étage de regroupement (clustering) des segments appartenant au même locuteur, et par conséquent une erreur de fausse alarme est souvent rattrapée et corrigée lors de l'étape de regroupement. Dans ce cadre, une segmentation de référence est absolument nécessaire pour évaluer ce genre d'erreurs. Cependant la précision de détection des instants de ruptures dépend de la construction de la segmentation de référence qui est entachée d'une erreur systématique dûe à la subjectivité d'évaluation d'un instant de changement de locuteur selon l'expérimentateur. Ainsi, un instant candidat est déclaré erreur d'insertion ou erreur de fausse alarme si on ne trouve pas un instant de référence qui l'entoure dans un intervalle de confiance prédéfini. De même, l'absence d'un instant candidat (généré par notre système) autour d'un instant de référence correspond à une erreur d'omission ou détection manquée.

6.3.3   Résultats d'expériences sur la base ALSIG

Les résultats reportés dans la table 6.1 mettent en évidence les performances comparés de notre algorithme KCD et la méthode de référence basée sur le Rapport de Vraisemblance Généralisé utilisant le critère d'information bayésien (RVG-BIC) . Les conditions d'expérience (initialisation des paramètres) communes aux deux méthodes sont : La paramétrisation acoustique est effectuée au moyen de l'outil HTK et les descripteurs utilisés sont les coefficients MFCC au nombre de 16 (pas de coefficient Co)

TAB. 6.1 – Expériences sur signaux composites

fichier	RVG-BIC		KCD	
	FA	DM	FA	DM
*bndz*1 (15 pts)	8	4	9	2
*bndz*2 (19 pts)	8	5	7	2
*bndz*3 (21 pts)	10	7	11	4
*bndz*4 (35 pts)	18	8	17	5
*bndz*5 (39 pts)	12	9	14	5
*bndz*6 (42 pts)	15	8	13	5

TAB. 6.2 – Expériences pour Interventions courtes

fichier	RVG-BIC		KCD	
	FA	DM	FA	DM
*file*1(55pts)	10	9	11	4
*file*2 (63pts)	9	12	12	5
*file*3(59 pts)	12	15	16	4
*file*4(62 pts)	10	8	9	4

avec une fenêtre de Hamming de 20 ms et un recouvrement de 50%. La taille des fenêtres glissantes sur les données est fixée à $m = m_p = m_f = 1.5$ secondes avec un pas de progression $\Delta_n = 0.1$ secondes. Les paramètres spécifiques à chaque méthode sont les suivantes : Pour la méthode RVG-BIC, les données passées et futurs par rapport à l'instant d'analyse sont modélisés comme une mono-gaussienne avec une matrice de covariance diagonale et le paramètre de regroupement est fixe à λreg= 1.5 [24]. Pour notre méthode KCD , il y a lieu de préciser le paramètre du noyau gaussien σ que nous avons initialisé à $\sigma = 1$. Les fichiers sonores bndz1 à bndz6 contiennent respectivement de 15 points à 42 points de ruptures relatifs à des tours de parole des locuteurs intervenant dans l'enregistrement audio. Les résultats montrent que la méthode KCD réalise de meilleurs performances en terme de taux de DM. Cependant le taux de FA reste comparable par rapport à la méthode de référence.

L'objectif de l'expérience suivante est de montrer que notre algorithme permet de détecter des changements de locuteurs, même dans des situations où la méthode RVG-BIC ne donne pas de bons résultats [104]. L'expérience dont les résultats sont portés dans la table 6.2 tendent à démontrer la supériorité des performances de notre méthode pour des fichiers sonores pour lesquelles l'intervention moyenne de chaque locuteur est très courte (3 secondes). La paramétrisation est la même que pour l'expérience précédente. Les autres paramètres communs restent les mêmes, alors que les paramètres spécifiques de chaque méthode sont tels que : Pour RVG-BIC : λreg=1. Pour KCD, σ = 1. Les résultats préliminaires, montrent néanmoins des performances supérieures de notre méthode par rapport à la méthode de référence. Le Taux de FA reste cependant important même pour notre méthode. Ces expériences préliminaires montrent la nécessité d'ajuster les paramètres spécifiques à chaque méthode en fonction des données à traiter et des expériences.

6.4 Expériences sur des signaux réels

6.4.1 Les bases de données

Afin de valider notre méthode sur des signaux réels, nous avons considéré deux bases de données de paroles multilocuteurs issues respectivement des compagnes NIST RT'03 [81] cf. 2.8.7 et ESTER phase1, cf 2.8.8 [30, 29].

Les fichiers sonores de la base NIST RT'03 se divisent en deux catégories : 6 fichiers de développement (dry run files) de 10 minutes environ chacun dédiés au réglage des paramètres et 3 fichiers d'évaluation (Eval files) de 30 minutes chacun constituant la phase de test. L'ensemble de ces fichier trouve son origine dans les enregistrements de stations radio américaines de divers canaux (CNN,CNBC, Fox, ...).

Les fichiers sonores de la base ESTER proviennent d'enregistrements de diverses stations de radio françaises collectés pour la compagne ETSER phase1, cf 2.8.8. Ces données se divisent en deux ensembles (développement et test). Chaque ensemble est composé de six fichiers sonores totalisant une durée de 9 heures et 20mn. Chaque fichier de l'ensemble de développement dure en moyenne 46 minutes et chaque fichier de l'ensemble test dure en moyenne 47 minutes.

6.4.2 Les mesures de performance

Pour les bases NIST RT'03 et ESTER, le critère de performance établi et fourni par l'institut NIST est le «Speaker Diarization Error » ou «Diarization Error Rate » (DER) obtenu par un script en langage perl (voir [69] pour d'amples détails).

Selon ce protocole d'expérimentation, Il s'agit de présenter le résultat de la segmentation issu du système proposé, selon le format défini par NIST. Ce fichier constitue une entrée au script fourni conjointement au fichier de référence. Le résultat est un fichier texte fournissant le DER (en %)-voir annexe C.

L'étape de regroupement est évaluée en termes de pureté des classes et des locuteurs et au nombre de locuteurs, -revoir 2.8.

6.5 Expériences sur fichiers de développement

6.5.1 Expériences avec la base de développement NIST RT'03

Afin de régler les paramètres de notre algorithme pour les tâches de détection de ruptures et de regroupement nous utilisons les six fichiers de développement pris séparément et le score global est la moyenne sur l'ensemble des fichiers. Pour les expériences concernant cette catégorie de fichiers, la paramétrisation utilisée est de 16 coefficients MFCC. Ce choix initial, à priori arbitraire est motivé par le fait que le type de paramétrisation et leur nombre est souvent utilisé dans la méthode de référence (RVG-BIC) et donne des résultats satisfaisants.

Sélection de paramètres

Les paramètres pertinents de notre algorithme objet de cette étude de sélection sont : $m = m_p = m_f$ (taille de l'ensemble $X_p(n)$ et de $X_f(n)$ que nous supposons égaux) et le pas de progression Δ_n de ces ensembles appelés communément fenêtres glissantes précédent et succédant à l'instant d'analyse n. Ces deux paramètres m et Δ_n sont communs avec la méthode de référence RVG-BIC. Aux fins de comparaison des deux méthodes nous avons fixé les mêmes valeurs pour ces deux paramètres.

Notre algorithme utilise un paramètre additionnel relatif au noyau, assurant le contrôle de la corrélation des points voisins dans l'espace augmenté $\mathcal{H}$. Dans le cas du noyau gaussien ce paramètre est l'ecart-type σ.

Cette sélection de paramètres se fait de la manière suivante : On fait varier un paramètre, par exemple σ de manière à atteindre un DER minimal. Ce paramètre étant fixé on procède à la variation du second paramètre afin d'obtenir un DER minimal, on

TAB. 6.3 – Evolution du DER (%) en fonction de σ

σ	DER
1.29	33.12
1	43.78
0.85	12.57
0.75	21.01
0.707	13.60
0.67	14.88
0.62	16.41
0.58	15.75
0.54	12.87
0.51	10.73
0.49	12.46
0.45	23.86

TAB. 6.4 – Evolution du DER en fonction de la taille des fenêtres glissantes m pour ν=0.1s, σ=0.51 et Δ_n=0.2s.

m (s)	0.5	0.7	0.9	1.5	2.5	3.5
DER (%)	14.70	13.83	12.71	10.73	16.65	25.36

fixe alors ce dernier puis on procède à la variation du trosième paramètre. Finalement on obtient le jeu de paramètre $\{\sigma, m, \Delta_n\}$ donnant un DER sous optimal car les paramètres sont optimisés indépendemment l'un de l'autre.

La table 6.3 montre l'évolution du DER en fonction de la variation de σ. Cette évolution n'exhibe aucune régularité, ceci s'explique à notre avis par le fait que le paramètre σ traduit la proximité de données dans l'espace $\mathcal{H}$. On observe cependant que le minimum d'erreur est atteint pour σ =0.51, et vaut 10.73%. Les autres paramètres utilisés pour cette expérience sont fixés comme suit : $m = m_p$=m_f=win=1.5s et Δ_n=0.2s, qui sont des paramètres adéquats pour les deux méthodes en comparaison. Le paramètre ν =0.1 traduit une tolérance maximale de 10% des vecteurs support.

Les tables 6.4 et 6.5 résument les variations de la taille des fenêtres adjacentes glissantes $m = m_p$=m_f et leurs pas de progression Δ_n. On confirme, que les valeurs de $m = m_p = m_f = 1.5$s et $\Delta_n = 0.2$s sont des réglages adéquats au regard de la l'erreur obtenue (10.73%). Cette valeur constitue un minimum local. Elle est probablement liée à la moyenne des interventions par locuteur par rapport à la base de données considérée.

TAB. 6.5 – Evolution du DER en fonction du pas de progression Δ_n, pour $m = 1.5$s, $\nu = 0.1$ et $\sigma = 0.51$

Δ_n (s)	0.1	0.2	0.3	0.4	0.5	0.6
DER (%)	24.42	10.73	11.93	15.27	12.85	22.68

Optimisation de la sélection de paramètres

Afin de sélectionner le jeu de paramètres optimal le triplet $\{\sigma, m, \Delta_n\}$ doit être optimisé par rapport à l'erreur de classification DER étant donné une paramétrisation particulière d'un signal sonore. Pour ce faire, nous avons constitué une grille de recherche (ou une matrice de variation des paramètres) dont la dimension est fonction du nombre de valeurs possibles de chaque paramètre. Ainsi, si on attribue 6 valeurs possibles à σ et 4 valeurs possibles à m et 4 valeurs à Δ_n, la grille de recherche comporte 6*4*4 soit 96 combinaisons du triplet $\{\sigma, m, \Delta_n\}$. Les bornes limites des paramètres sont choisies en tenant compte des expériences précédentes.

6.5.2 Évaluation des stratégies de paramétrisation acoustique : combinaison de descripteurs

Nous présentons dans cette sous-section l'impact des diverses stratégies de paramétrisation acoustiques décrites dans la table 6.6. Le but poursuivi est d'évaluer l'effet de combinaison des descripteurs sur les performances de notre méthode. Cette combinaison est réalisée en concaténant plusieurs vecteurs acoustiques résultant de diverses paramétrisations (MFCC, LPCC, LREFC, ...). Ces derniers peuvent être obtenus par divers progiciels tel que praat [11], HTK Tools [115].

Les paramètres MFCC et combinaisons

Pour chaque configuration, nous avons optimisé la sélection des paramètres, telle que mentionné dans la section ci-dessous. Nous reportons dans les tables 6.7 et 6.8 les erreurs minimales obtenues avec le jeu de paramètres sélectionné.

Tab. 6.6 – Paramétrisations acoustiques testées.

Configuration	composition du vecteur acoustique
C_0	16 MFCCs
C_1	16 MFCCs et 10 LPCCs
C_2	C_1 et 10 coefficients de reflection
C_3	C_2 et 10 coefficients banc de filtre
C_4	16 MFCCs et 16 ΔMFCCs
C_5	C_4 et 16 $\Delta\Delta$MFCCs

Tab. 6.7 – Performances comparées (KCD/RVG) en fonction des paramétrisations acoustiques décrites dans Table 6.6.

Config	DERmin (%)		estim. # loc.	
	KCD	RVG-BIC	KCD	RVG-BIC
C_0	10.73	26.38	17	9
C_1	8.37	21.18	17	9
C_2	7.95	15.08	17	11
C_3	10.90	15.26	9	9
C_4	11.44	20.91	13	11
C_5	8.63	14.30	19	11

L'estimation du nombre de locuteurs présents dans la conversation analysée est obtenue en parcourant le dendrogramme selon une coupe horizontale, ce qui revient à faire une hypothèse sur le nombre de locuteurs désiré puis de vérifier celle-ci selon la performance obtenue. Les travaux de synthèse reportés dans [69] offrent une explication claire sur la détermination automatique du nombre de locuteurs. Nous observons que les résultats confirment que la combinaison de diverses paramétrisations acoustiques (C_1, C_2 et C_5) améliorent globalement les résultats pour les deux méthodes avec une nette supériorité pour la méthode KCD. Les meilleures performances sont cependant dues aux paramétrisations C_1 et C_2, car celles-ci combinent des informations certes redondantes mais complémentaires. Ce résultat confirme aussi les conclusions portées dans les travaux [48] et [19] à savoir qu'une paramétrisation conjointe peut mettre en évidence des caractéristiques du signal de parole qui peuvent être cachées en utilisant une paramétrisation unique.

TAB. 6.8 – Jeu de paramètres en fonction des paramétrisations acoustiques testées.

Configuration	Jeu de paramètres selectionné
C_0	$m = 1.5\text{s}, \sigma = 0.51, \Delta_n = 0.2\text{s}.$
C_1	$m = 2.0\text{s}, \sigma = 1, \Delta_n = 0.3\text{s}$
C_2	$m = 1.5\text{s}, \sigma = 1, \Delta_n = 0.3\text{s}$
C_3	$m = 2.5\text{s}, \sigma = 0.707, \Delta_n = 0.2\text{s}$
C_4	$m = 0.7\text{s}, \sigma = 0.707, \Delta_n = 0.2\text{s}$
C_5	$m = 0.9\text{s}, \sigma = 0.85, \Delta_n = 0.3\text{s}$

6.5.3 Les paramètres TFPC

Nous présentons dans cette section les expériences menés avec les descripteurs TFPC introduits dans 3. L'algorithme correspondant à cette paramétrisation acoustique est initialisé avec les coefficients spectraux issus d'une analyse par bancs de filtres dont le nombre est fixé à 40.

Variations des paramètres TFPC (q et r)

L'expérience illustrée par le graphe suivant montre l'évolution des paramètres pertinents des TFPC, à savoir le paramètre du contexte q et le nombre de composantes TFPC r. Nous avons utilisé une grille de recherche des paramètres optimaux au sens de l'erreur DER minimale. La valeur du contexte $q = 1$. Cette grille inclue les valeurs suivantes :

TAB. 6.9 – Grille de sélection de paramètres

param	valeurs
σ	0.51 ;0.67 ;0.8 ;1 ;1.2 ;1.4
m	1.2 ;1.5 ;2 ;2.5
Δ_n	0.2 ;0.3 ;0.5 ;0.7

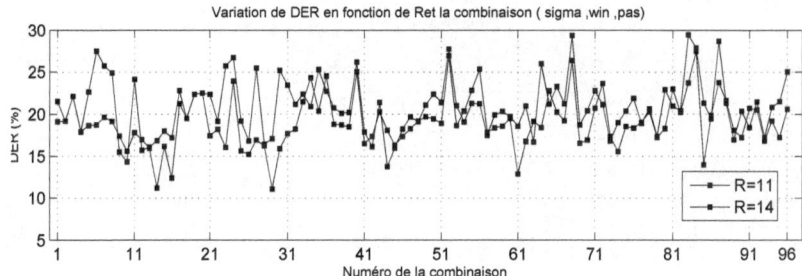

Le graphe ci-dessus met en évidence un DER qui vaut 11.36% pour une valeur du triplet $\{\sigma, m, \Delta_n\} = \{0.67; 2.5; 0.2\}$ pour un nombre de composantes r =11.

Le tableau 6.10 met en evidence la variation du DER en fonction de la variation du paramètre de contexte q. Ces expériences montrent que les meilleurs résultats sont obtenus pour une valeur de contexte qui vaut q=1 et un nombre de composantes r=8. Cependant quand la valeur du contexe augmente le nombre de composantes optimal se stabilise autour de la valeur de r=11.

TAB. 6.10 – Variation des paramètres q (contexte) et r (nombre de composantes TFPC)

q	DERmin %			
	r=8	r=11	r=14	r=17
1	**10.56**	11.36	17.24	20.56
2	13.24	**12.50**	15.23	17.26
3	12.55	**11.86**	16.28	17.24
4	14.20	**13.79**	19.33	22.87

Comparaison TFPC / MFCC

Le tableau 6.11 suivant illustre une expérience de comparaison entre les descripteurs TFPC et les MFCC avec leurs différentes versions. Cette expérience nous permet de constater que les paramètres TFPC, améliorent dans certaine situations l'erreur d'indexation DER et notamment pour de faibles valeurs de composantes (r=8 et r=11). Ces résultats montrent qu'une paramétrisation parcimonieuse, avec un nombre réduit de paramètres permet de surpasser les performances offertes par les paramètres MFCC.

r	DERmin %				
	TFPC	MFCC	MFCC+D_ MFCC	MFCC+D_ MFCC+E	MFCC+E
8	**10.56**	22.36	25.69	29.36	26.01
11	**11.36**	19.98	23.99	22.39	22.63
14	17.24	26.91	24.88	20.89	**16.48**
17	20.56	21.98	25.19	20.07	**15.27**

6.5.4 Expériences avec la base de développement ESTER

Suivant le même protocole d'expérimentation que pour la base de signaux NIST RT'03. Les paramètres $\{\sigma, m, \Delta_n\}$ sont ajustés selon la grille de recherche afin d'obtenir l'erreur DER minimal, étant donné un nombre de locuteurs hypothétique-voir 6.5.2. Se basant sur les expériences précédentes, nous avons choisi la paramétrisation C_2. Ces expériences sont menées pour chaqun des six fichiers de la base de développement, puis une moyenne est calculée. Les résultats présentées dans ces tableaux reportent cette moyenne.

Sélection sous optimale de paramètres SVM

Suivant la même procédure opérée avec la base NIST RT'03 nous étudions la variation d'un paramètre indépendemment des deux autres. Ceci permet de repérer la plage de variation des paramètres. Les tables 6.12, 6.13 et 6.14 montrent respectivement l'évolution de l'erreur DER en fonction des paramètres σ, m et Δ_n. On observe que le meilleur DER est obtenu pour $\sigma = 0.67$, $m = 6.5$s and $\Delta_n = 0.3$s et vaut 14.23%. Nous remarquons que les valeurs des paramètres de l'algorithme KCD dépendent de la base de données utilisée. Ainsi, la valeur du paramètre m renseigne sur la durée de l'intervention moyenne d'un locuteur (plus grande que dans le cas de la base NIST RT'03).

TAB. 6.12 – Variation de σ. Les paramètres SVM sont $m = 1.5$s, $\nu = 0.1$ et $\Delta_n = 0.3$s pour la paramétrisation acoustique C_2.

σ	0.40	0.67	0.80	1.00	1.20	1.40
DER (%)	23.20	**22.36**	33.76	29.16	33.39	32.76

TAB. 6.13 – Variation de la taille des fenêtres d'analyse m. Les paramètres SVM sont $\sigma = 0.67$s, $\nu = 0.1$ et $\Delta_n = 0.3$s pour la paramétrisation acoustique C_2.

m (s)	1.50	2.50	3.50	4.50	5.50	6.50	7.50
DER (%)	22.36	20.01	18.85	19.24	17.05	**15.72**	19.50

TAB. 6.14 – Variation du pas d'analyse Δ_n. Les paramètres SVM sont $m = 6.5$s, $\nu = 0.1$ et $\sigma = 0.67$s pour la paramétrisation acoustique C_2.

Δ_n (s)	0.10	0.30	0.50	0.70	0.90	1.00
DER (%)	18.83	**14.23**	15.72	16.22	17.56	24.41

Sélection optimale de paramètres SVM

Afin de sélectionner le meilleur jeu de paramètres $\{\sigma, m, \Delta_n\}$ nous procédons à une grille de recherche de toutes les combinaisons possibles du triplet $\{\sigma, m, \Delta_n\}$. Cette grille est fonction du nombre de valeurs possibles de chaque paramètre, ainsi les charges de calculs peuvent devenir rapidement très lourdes si on dépasse une dizaine de valeurs de chaque paramètre. Pour limiter ces charges, on intègre les connaissances acquises des expériences passées. Dans notre cas on limitera les calculs aux seules valeurs : $\sigma = \{0.4, 0.67, 0.80, 1.00, 1.20\} \times m = \{4.50, 5.50, 6.50, 7.50\} \times \Delta_n = \{0.10, 0.30, 0.50, 0.70\}$. Soit 96 combinaisons possibles. Nous avons reporté ces expériences dans le tableau suivant :

TAB. 6.15 – Jeu de paramètres en fonction des paramétrisations acoustiques testes.

Configuration	Jeu de paramètres selectionné	DER %
C_0	$m = 5.5$s, $\sigma = 0.67$, $\Delta_n = 0.3$s.	10.26
C_1	$m = 6.5$s, $\sigma = 0.67$, $\Delta_n = 0.3$s	17.23
C_2	$m = 6.5$s, $\sigma = 1$, $\Delta_n = 0.3$s	11.02
C_3	$m = 4.5$s, $\sigma = 0.67$, $\Delta_n = 0.5$s	15.50
C_4	$m = 6.5$s, $\sigma = 0.80$, $\Delta_n = 0.3$s	16.22
C_5	$m = 5.50$s, $\sigma = 0.80$, $\Delta_n = 0.3$s	13.80

6.6 Expériences sur fichiers de test

Afin de valider notre méthode, il convient, après les expériences sur la base des signaux de développement, de lui faire subir l'épreuve des fichiers de test (ou fichiers d'évaluation). Ces fichiers sont en général plus longs et plus complexes que les fichiers de développement. Nous présentons ci-après de telles expériences sur deux bases de signaux réels issus de deux sources différentes, à savoir les campagnes NIST RT'03 et ESTER.

6.6.1 Expériences avec fichiers d'évaluation NIST RT'03

Ces fichiers sont au nombre de 3 et durent en moyenne 1 heure chacun. La table 6.16 montre que notre méthode obtient des taux d'erreurs DER bien inférieurs à la méthode de référence RVG-BIC. Le meilleur résultat obtenu est la moyenne sur ces trois fichiers, soit un taux d'erreur de 11.30%. Ces résultats sont d'autant plus prometteurs car comparés à ceux publiés récemment dans la littérature constituant l'état de l'art [69] et [104] dans laquelle les méthodes présentées ont été optimisées indépendamment de notre algorithme.

TAB. 6.16 – Résultats obtenus sur les signaux d'évaluation. Les paramètres sont $m = 1.5$s, $\nu = 0.1$, $\sigma = 0.51$ et $\Delta_n = 0.2$s. La paramétrisation choisie est C_2. Les fichiers sont (a) 20010228.2100-2200-MNB-NBW ; N_{ref}=**10**, (b) 20010217.1000-1030-VOA-ENG ; N_{ref}=**21** and (c) 20010220.2000-2100-PRI-TWD. ; N_{ref}=**29**

Fichier	RVG-BIC	SVM	Estimation du Nbre de Locuteurs
(a)	25.60	11.25	21
(b)	20.17	10.55	20
(c)	22.69	12.11	28

6.6.2 Expériences avec fichiers d'évaluation ESTER

La table 6.17 montre que le meilleur DER obtenu vaut 15.42 %. Cette valeur est le résultat moyen sur l'ensemble des six fichiers d'évaluation. Aussi, afin d'évaluer les performances de regroupement, nous avons conduit des expériences de pureté des classes et pureté en locuteurs (purete de segment) tel que définis en 2.8.5. Ces expériences sont portés en tables 6.18 et 6.19.

TAB. 6.17 – Résultats sur fichiers d'évaluation ESTER. Les paramètres SVM sont $m = 6.5s$, $\nu = 0.1$, $\Delta_n = 0.3$ et $\sigma = 0.67s$ pour la paramétrisation acoustique C_0.

Corpus	DER (%)	Pureté Classe (%)	Pureté Locuteur(%)	Estimation du nbre de locuteurs
Fichiers Eval (Overall files)	**15.42**	80.67	75.45	175

TAB. 6.18 – Système hybride SVM/RVG-BIC. Les paramètres SVM sont $m = 6.5s$, $\nu = 0.1$, $\Delta_n = 0.3$ et $\sigma = 0.67s$ pour la paramétrisation C_0.

Corpora	SVM / SVM : DER (in %)	SVM / RVG-BIC ($\lambda = 3.5$) : DER (in %)
Dev.	14.23	12.12
Eval.	15.42	13.63

Nous rappelons que la pureté d'une classe (groupe d'interventions de locuteurs) est définie comme étant le nombre d'interventions, provenant d'un même locuteur. Ainsi une classe est de pureté 100% si elle ne regroupe que des interventions provenant du même locuteur. La pureté en classe, correspond alors à la moyenne des puretées sur l'ensemble des classes. La pureté en locuteur, correspond à la situation où toutes les interventions d'un locuteur donné se retrouvent regroupées dans une même classe. La pureté en locuteurs, est alors la moyenne sur l'ensemble des locuteurs détectés dans le fichier sonore. Ces résultats démontrent des classes plutôt homogènes et une faible dispersion des locuteurs entre classes.

De plus, la table 6.18 met en evidence l'amélioration des performances grâce à l'introduction du module RVG-BIC dans l'étage de regroupement. Ainsi le DER passe de 14.23 % à 12.12 %. La table 6.19 confirme cette tendance pour l'estimation des puretés de classe et de segments. Ceci nous amène à conclure, après d'autres tests, que le module SVM est bien adapté à la segmentation en locuteurs plutôt qu'au regroupement, et que l'association SVM/BIC est un système plus performant que celui SVM/SVM (c.a.d. SVM pour la détection de ruptures et SVM pour le regroupement).

TAB. 6.19 – Système hybride SVM/RVG-BIC. Les paramètres SVM sont $m = 6.5$s, $\nu = 0.1$, $\Delta_n = 0.3$ et $\sigma = 0.67$s pour la paramétrisation C_0.

Configuration	SVM/SVM		SVM/RVG-BIC (λ=3.5)	
	Pureté des classes	Purete en Locuteur	Purete en Locuteur	Purete en classe
fichiers Dev.	89.22	86.17	92.14	93.22
fichiers eval.	80.67	75.45	88.12	90.14

6.7 Conclusions

Nous avons présente dans cette section les expériences les plus pertinentes que nous avons conduit afin de valider notre méthode originale de segmentation en locuteur. Ainsi nous avons montré au travers de signaux de simulation et de signaux réels la pertinence de cette approche. La première partie des expériences concerne l'étude des variations des paramètres inhérents à la méthode SVM-1. Ce triplet de paramètres conditionne les performances globales de la segmentation en locuteurs. C'est pourquoi, nous avons testé deux approches de recherche de ces paramètres. Nos investigations ont abouti à la conclusion qu'étant donné l'interdépendance de ces paramètres, il convient de trouver des méthodes de sélection du triplet $\{\sigma, m, \Delta_n\}$. C'est pourquoi nous avons expérimenté une grille de recherche qui permet de scruter toutes les combinaisons possibles dans un intervalle prédéfini.

Il convient de préciser que ces expériences sont mené sur un ensemble de signaux sonores issues de bases de données validées par la communauté des chercheurs active dans ce domaine. Les résultats présentés dans cette section sont la moyenne sur un ensemble de signaux. Un autre choix, aurait été de travailler sur un seul fichier et de favoriser la variation des expériences.

Les expériences de combinaison de descripteurs statiques et dynamiques ont permis de mettre en évidence cette nouvelle tendance de paramétrisation acoustique et son influence quant à l'amélioration des résultats. Les paramètres TFPC montrent une réduction de données par rapport à d'autres techniques, cepedant le gain en performances n'est pas conséquent. Nous pensons qu'il reste des compléments d'investigation dans cette voie.

Les expériences de combinaison de méthodes SVM et RVG-BIC montrent aussi une amélioration des performances globales du système. Bien que les taux d'erreurs obtenus ne constituent pas les meilleurs taux par rapport à l'état de l'art, néanmoins nous pensons que des prétraitements acoustiques et macro-acoustiques (séparation en genres) peuvent contribuer à l'amélioration des résultats.

Cette méthode constitue indéniablement une bonne alternative aux méthodes basées sur le rapport de vraisemblance. Elle peut ainsi s'intégrer dans des systèmes d'indexation en locuteurs en remplaçant le module de segmentation.

Chapitre 7

Conclusion générale

Les travaux présentées dans cette thèse portent sur la segmentation en tours de paroles de discours multi-locuteurs. C'est une étape préalable et déterminante pour un processus d'indexation en locuteurs. Nous avons conduit une étude sur l'état de l'art sur cette problématique puis nous avons choisi et mis en oeuvre une méthode de référence qui constitue le socle de base de tout système d'indexation en locuteur.

La synthèse bibliographique a montré que les systèmes d'indexation en locuteurs dépendent fortement des performances de l'étape de segmentation dont l'élément déterminant est la mesure de similarité adoptée. La définition de cette mesure dépend notamment de l'espace de représentation des données et de la méthode de classification (décision). Les méthodes d'indexation opèrent sur un signal paramétré, c'est pourquoi nous avons consacré un chapitre aux méthodes de paramétrisation acoustiques dont l'emploi judicieux conditionne les performances d'indexation. Dans ce cadre, nous avons mis en évidence la pertinence de la combinaison de descripteurs statiques et dynamiques.

Dans ce contexte, la segmentation en locuteur constitue une étape préalable et déterminante pour la suite du processus d'indexation. Elle consiste à d'abord découper le signal audio en zones homogènes contenant uniquement les informations relatives à un seul locuteur. Cette étape est suivie du regroupement (clustering) de ces segments afin d'assembler les zones (interventions) appartenant à un seul locuteur.

7.1 Contributions

L'originalité de notre travail a porté sur l'introduction d'une nouvelle méthode de segmentation en locuteurs basée sur des algorithmes de détection de ruptures et de regroupement exploitant les Méthodes à Vecteurs de Support mono classe (SVM-1). Afin de familiariser le lecteur avec ces nouvelles méthodes de classification, nous avons présenté en section 4 une introduction aux Méthodes SVM.

Nous avons montré dans la section 5 comment construire et intégrer la mesure de similarité basée sur le modèle des SVM mono-classe pour des tâches de détection de ruptures et de regroupement en locuteurs.

Les résultats présentés dans la section 6 montrent la pertinence de notre approche. La première partie des expériences concerne l'étude des variations des paramètres inhérents à la méthode SVM-1. Ce triplet de paramètres conditionne les performances globales de la segmentation en locuteurs. C'est pourquoi, nous avons testé deux approches de recherche de ces paramètres. Nos investigations ont abouti à la conclusion qu'étant donné l'interdépendance de ces paramètres, il convient de trouver des méthodes de sélection du triplet $\{\sigma, m, \Delta_n\}$. C'est pourquoi nous avons expérimenté une grille de recherche qui permet de scruter toutes les combinaisons possibles dans un intervalle prédéfini.

Il convient de préciser que ces expériences sont mené sur un ensemble de signaux sonores issues de bases de données validées par la communauté des chercheurs active dans ce domaine. Les résultats présentés dans cette section sont la moyenne sur un ensemble de signaux. Un autre choix, aurait été de travailler sur un seul fichier et de favoriser la variation des expériences.

Les expériences de combinaison de descripteurs statiques et dynamiques ont permis de mettre en évidence cette nouvelle tendance de paramétrisation acoustique et son influence quant à l'amélioration des résultats. Les paramètres TFPC montrent une réduction de données par rapport à d'autres techniques, cependant le gain en performances n'est pas conséquent. Nous pensons qu'il reste des compléments d'investigation dans cette voie.

Un autre résultat intéressant concerne l'étude comparée des méthodes RVG-BIC et SVM-1 en fonction des diverses stratégies de paramétrisation. Ainsi, il apparaît, qu'une paramétrisation même redondante améliore les résultats globalement pour les deux méthodes mais que c'est notre méthode qui assure une nette supériorité. Une combinasion des méthodes SVM et RVG-BIC, utilisées indépendement dans les étages de détection de rupture et de regroupement, peut aussi contribuer à améliorer les performances du système global. Enfin, l'ensemble des programmes informatiques développés ont été intégrés dans un environnement logiciel cohérent, constituant ainsi une première version d'une plate-forme de dévelopement pour l'indexation en locuteurs de signaux sonores.

Cette validation fait suite aux nombreuses expériences réalisés sur des signaux issus de bases de données de campagnes NIST et ESTER. Ces expériences sont certes couteuses en temps machine et nous ont empêché de réaliser d'autres traitements, mais c'est le compromis, nécessaire et d'usage dans la communauté parole, à faire entre les aspects algorithmiques et les aspects de validation expérimentale.

Cette méthode constitue indéniablement une bonne alternative aux méthodes basées sur le rapport de vraisemblance. Elle peut ainsi s'intégrer dans des systèmes d'indexation en locuteurs en remplaçant le module de segmentation.

7.2 Perspectives

Enfin, ce travail appelle certainement d'autres compléments, afin d'améliorer les résultats de segmentation, notamment, en introduisant des prétraitement macro-acoustiques (segmentation préalable en genres) ou autres prétraitements considérés dans [69]. Un travail conséquent reste à faire à notre avis au niveau de la combinaison et la sélection de paramètres acoustiques. Je pense aux descripteurs issus d'une représentation temps-fréquence, temps-échelle ou les moments spectraux d'ordre supérieures à deux.

Les algorithmes de classification SVM-1 développés peuvent aussi être appliqués sans modifications majeures aux tâches de séparation parole /musique et au suivi de locuteurs et à la vérification de locuteurs.

Une amélioration des charges de calculs notamment au niveau de la phase de regroupement est également envisagée. Nous envisageons également d'améliorer la première version de la plate forme logicielle *IndexLoc* que nous avons initié. Nous prévoyons aussi d'étendre ce travail aux discours de réunions multi-locuteurs et à la parole téléphonique (GSM).

Bibliographie

[1] J. Ajmera. *Robust Audio Segmentation*. PhD thesis, Ecole Polytecthnique Fédérale de Lausanne, 2004.

[2] J. Ajmera, H. Bourlard, and I. Lapidot. Umproved unknown-multiple speaker clustering using hmm. Technical report, IDIAP, 2002.

[3] J. Ajmera, I. McCowan, and H. Bourlard. Robust speaker change detection. Technical report, IDIAP, 2003.

[4] Alexander, editor. *Advanced Lectures on Machine Learning*. Cambridge, USA, 2002.

[5] N.E. AYAT. *Selection de modèles automatique des machines à vecteurs de support : Application à la reconnaissance d'images de chiffres manuscrits*. PhD thesis, Ecole de Technologie Superieure, Université du Québec, 2004.

[6] C. Barras, X. Zhu, S. Meignier, and J L. Gauvain. Improving speaker diarization. In *Proc. Fall 2004 Rich Transcription Workshop (RT-04)*, November 2004.

[7] M. Ben, M. Bester, F. Bimbot, and G. Gravier. Speaker diarization using bottom-up clustering based on a parameter-derived distance between adapted gmms. In *ICSLP 2004*, Jeju Island, Korea, 2004, 2004.

[8] C. Bernasconi. On instantaneous and transitional spectral information for text dependent speaker verification. *Speech Communication*, 9(2) :129–139, 1990.

[9] F. Bimbot and L. Mathan. Text-free speaker recognition using an arithmetic-harmonic sphericity measure. In *Proc. European Conference on Speech Communication Technology*, Berlin, Germany, 1993.

[10] C. Bishop. Novelty detection and neural network validation. *IEE Proceedings on Vision, Image and Signal Processing. Special issue on applications of neural networks*, 4(141) :217–222, 1994.

[11] Paul Boersma and David Weenink. Praat : Doing phonetics by computer. http ://www.praat.org.

[12] J. F. Bonastre. *Stratégie Analytique orientée connaisances pour la caractérisation et l'identification du locuteur.* PhD thesis, Université d'Avignon et des Pays de Vaucluse, Laboratoire d'Informatique d'Avignon, 1994.

[13] Calioppe. *La parole et son traitement automatique.* Collection Technique et Scientifique des Télécommunication, France, 1989.

[14] S. Canu and A. Smola. Kernel methods and the exponential family. In *ESANN'05*, Brugge, Belgium, May 2005.

[15] I. M. Chagnolleau and G. Durou. Time-Frequency Principal Component of speech : Application to speaker identification. In *Proc. 6th European Conference on Speech Communication Technology*, Budapest, Hungray, 1999.

[16] Chih-Chung Chang and Chih-Jen Lin. *LIBSVM : a library for support vector machines.* Departement of Computer Science, National Taiwan University, 2001. Software available at http ://www.csie.ntu.edu.tw/ cjlin/libsvm.

[17] I. Magrin Changolleau. Application of time-frequency principal component analysis to text-independent speaker identification. *IEEE Transactions on Speech and Audio Processing*, 10 :371–378, 2002.

[18] S. Shaobing Chen and P. Gopalakrishnan. Speaker, environment and channel change detection and clustering via the bayesian information criterion. In *DARPA Speech Recognition Workshop*, Chantilly, USA.

[19] H. Christensen. *Speech recognition using heterogenous information extraction in multi-stream based systems.* PhD thesis, Aalborg University, Denmark, 2002.

[20] N. Cristianini and J. Shawe-Taylor. *Support Vector Machines and other kernel-based learning methods.* Caabridge University Press, Cambridge, USA, 2000.

[21] Y. Le Cun and al. Backpropagation applied to handwritten zip code recognition. *Neural Computation*, 1 :541 :551, 1989.

[22] M. Davy, F. Desobry, A. Gretton, and C. Doncarli. An online support vector machine for abnormal events detection. *Signal Processing*, 2006. to appear.

[23] P. Delacourt. *La segmentation et le regroupement par locuteurs pour l'indexation de documents audio.* PhD thesis, Institut Eurécom, 2000.

[24] P. Delacourt and C. Wellekens. DISTBIC : a speaker-based segmentation for audio data indexing. *Speech Communication*, 32(1) :111–126, September 2000.

[25] F. Desobry and M. Davy. Dissimilarity measures in feature space. In *IEEE ICASSP'04*, Montreal, Canada, 2004.

[26] F. Desobry, M. Davy, and C. Doncarli. An online kernel change detection algorithm. *IEEE Transactions on Signal Processing*, 53(5) :2961–2974, August 2005.

[27] Richard O. Duda, Peter E. Hart, and G. Stork, David. *Pattern classification.* Wiley, New York, USA, second edition, 2001.

[28] R.B. Dunn, D.A. Reynolds, and T.F. Quatieri. Approaches to speaker detection and tracking in conversational speech. *Digital Signal Processing*, 10(1) :93–112, 2000.

[29] ELDA. Evaluations and Language ressources Distribution Agency http\unskip\ penalty\@M://www.elda.org/article140.html.

[30] ESTER. Compagne d'Evaluation des Systèmes de Transcription Enrichies d'Emissions Radiophoniques http\unskip\penalty\@M://www.afcp-parole. org/ester/calendar.html. 2004.

[31] B. Everitt. *Cluster Analysis.* Oxford Publication Press Inc., New York, USA.

[32] B. Fergani, M. Davy, and A. Houacine. Application des machines à vecteurs support mono-classe pour l'indexation en locuteurs de documents audio. In *26 èmes Journées d'Etude sur la Parole*, Dinard, France, 12-16 Juin 2006.

[33] B. Fergani, M. Davy, and A. Houacine. Unsupervised speaker indexing using one-class support vector machines. In *14th European Signal Processing Conference 2006*, September 4-8, 2006, Florence, Italy.

[34] B. Fergani, M. Davy, and A. Houacine. Segmentation en locuteurs de documents audio : Une nouvelle approche basée sur les méthodes à vecteurs support mono classe. *Canadian Acoustics Journal*, 35(4), 2007.

[35] B. Fergani, M. Davy, and A Houacine. Speaker diarization using one class support vector machines. *Speech Communication*, To appear in 2008.

[36] B. Fergani, L. Fergani, and B. Sansal. Un logiciel intégré d'analyse temps-fréquence et temps-echelle. In *Proceedings du 14ème Colloque GRETSI, Juan les Pins, Nice, France*, pages 1095–1098, 1993.

[37] B. Fergani and A. Houacine. La transformée de wigner ville polynomiale. In *Colloque Maghrébin des modèles numériques de l'ingénieur, Septembre 1994, Alger*, 1994.

[38] B. Fergani and A. Houacine. On the choice of parameters for the wigner ville polyspectrum. In *IEEE ATHOS Workshop, Spain*, pages 289–293, 1995.

[39] B. Fergani and A. Houacine. L'indexation en locuteurs de signaux audio. In *Colloque National sur le Traitement du Signal et Applications, Guelma, 2004*, 2004.

[40] C. Fredouille. *Approche Statistique pour la Reconnaissance Automatqiue du Locuteur : Informations Dynamiques et Normalisation Bayesienne des Vraisemblances.* PhD thesis, Université d'Avignon et des Pays de Vaucluse, Laboratoire d'Informatique d'Avignon, 2000.

[41] C. Fredouille, D. Moraru, S. Meignier, L. Besacier, and J.-F. Bonastre. The nist2004 spring riche transcription : Two axis merging strategy in the context of multiple distant microphone based meeting speaker segmentation. In *Proc. Spring 2004 Rich Transcription Workshop (RT-04S)*, 2004.

[42] S. Furui. Cepstral analysis technique for automatic speaker verification. *IEEE Transactions on Acoustics, Speech and Signal Procesing*, 29(2) :254–272, April 1981.

[43] H. Gish, M. H. Siu, and R. Rohlicek. Segregation of speakers for speech recognition and speaker identification. In *IEEE ICASSP 1991*, Toronto, Canada.

[44] G. Gravier, J.-F. Bonastre, S. Galliano, E. Geoffrois, K. Mc. Tait, and K. Choukri. The ester evaluation campaign of rich transcription of french broadcast news. In *Proc. Lang. Evaluation Ressources Conf. (LREC2004)*, pages 885–888, Lisbon, Portugal, May 2004.

[45] I. Guyon and A. Elisseeff. *Feature Extraction : Foundations and Applications*, chapter An Introduction to Feature Extraction. Studies in Fuzziness and Soft Computing. Springer, 2006.

[46] T. Hastie, R. Tibshirani, and J. Friedman. *The Elements of Statistical Learning : Data Mining, Inference and Prediction.* New York, USA, 2001.

[47] H. Hattori. Text independent speaker recognition using neural networks. In *IEEE ICASSP 1992*, San Francisco, USA, 1992.

[48] R. M. Hegde, H. A. Murthy, and V.R. R. Gadde. Significance of joint features derived from the modified group delay functions in speech processing. *EURASIP Journal on Audio, Speech and Music Processing*, 2007, 2007.

[49] R. Herbrich. *Learning Kernel Classifiers : Theory and Algorithms.* MIT Press, Cambridge, USA, 2002.

[50] A. L. Higgins and al. A new method for text independent speaker recognition. In *IEEE ICASSP 1986*, Tokyo, Japan, 1986.

[51] Zdansky J. and Nouza J. Detection of acoustic change points in audio records via bic maximization and dynamic programming. In *ICSLP05*, Lisbon, Portugal, 2005.

[52] N. Japkowicks, C. Meyers, and M. Gluck. A novelty detection approach to classification. In *Proceedings of the International Joint Conference on Aritficial Intelligence*, pages 518–523, 1995.

[53] H. Jin, F. Kubala, and R. Schwartz. Automatic speaker clustering. In *DARPA Speech Recognition Workshop*, Chantilly, USA, 1997.

[54] T. Kemp, M. Schmidt, M. Westphal, and A. Waibel. Strategies for automatic segmentation of audio data. In *IEEE ICASSP'2000*, pages 1423–1426, Istambul, Turkey.

[55] S. Kwon and S. Narayanan. Unsupervised speaker indexing using generic models. *IEEE Transactions on Speech and Audio Processing*, 13(5) :1004–1013, September 2005.

[56] I. Lapidot. Som as likelihood estimator for speaker clustering. In *Proc. European Conference on Speech Communication Technology*, Geneva, Switzerland, 2003.

[57] LDC. Linguistic data consortium, http\unskip\penalty\@M://www.nist.gov/ speech/tests/spk/index.html.

[58] D. Liu and F. Kubala. Online speaker clustering. In *IEEE ICASSP'04*, Montreal, Canada, 2004.

[59] L. Lu, S. Li, and H.-J. Zhang. Content-based audio segmentation using support vector machines. In *ACM Multimedia Conference*, Ottawa, Canada, 2001.

[60] L. Lu and H.-J. Zhang. Content analysis for audio classification and segmentation. *IEEE Transactions on Speech and Audio Processing*, 10(7) :504–516, March 2002.

[61] Y. Mami. *Reconnaissance de locuteurs par localisation dans un espace de locuteurs de référence*. PhD thesis, Ecole Nationale Supérieure des Télécommunications, Dept. Signal et Images, 2003.

[62] A. F. Martin and M. A. Przybocki. The det curve in assessment of detection task performance. In *Proc. European Conference on Speech Communication Technology*, pages 1895–1898, Rhôdes, Grece.

[63] J. Mauclair. *Mesures de confiance en traitement automatique de la parole et applications*. PhD thesis, Université du Maine, 2006.

[64] S. Meignier. *Indexation en locuteurs de documents sonores : Segmentation d'un document et Appariement d'une collection.* PhD thesis, Universite d'Avignon et des pays de vaucluse, Laboratoire Informatique d'Avignon, 2002.

[65] S. Meignier, J.-F. Bonastre, C. Fredouille, and T. Merlin. Evolutive hmm for speaker tracking systems. In *IEEE ICASSP'2000*, pages 1177–1180, Istambul, Turkey, 2000.

[66] S. Meignier, J. F. Bonastre, and S. Igournet. E-hmm approach for learning and adapting sound models for speaker indexing. In *Chania, Crete 2001*, pages 175–180.

[67] S. Meignier, J.-F. Bonastre, and Ivan Magrin-Chagnolleau. Speaker utterances tying among speaker segmented audio documents using hierarchical classification : towards speaker indexing of audio databases. In *ICSLP 2002*, volume 1, pages 573–576, Denver, Colorado, United Sates of America, September 2002.

[68] S. Meignier, D. Moraru, C. Fredouille, L. Besacier, and J.-F. Bonastre, Benefits of prior acoustic segmentation for automatic speaker segmentation. In *IEEE ICASSP'04*, Montreal, Canada, 2004.

[69] S. Meignier, D. Moraru, C. Fredouille, J.-F. Bonastre, and L. Besacier. Step-by-step and integrated approaches in broadcast news speaker diarization. *Computer Speech and Language* , 20(2-3) :303–330, April-July 2006.

[70] X. Anguera Miro. *Robust Speaker Diarization for Meetings.* PhD thesis, Universitat Politecnica de Catalunya, Speech Processing Group, Dept. Of Signal Theory and Communications, 2006.

[71] Y. Moh, P. Nguyen, and J. C. Junqua. Towards domain independent speaker clustering. In *IEEE ICASSP'03*, Hong Kong, 2003.

[72] Andrew Moore. Tutorial slides on svm, 2001. November.

[73] D. Moraru, M. Ben, and G. Gravier. Experiments on speaker tracking and segmentation in radio broadcast news. In *ICSLP 2005*, Lisbon, Portugal, 2005, 2005.

[74] D. Moraru, S. Meignier, L. Besacier, J.-F. Bonastre, and I. Magrin-Chagnolleau. The elisa consortium approaches in speaker segmentation during the nist2002 speaker recognition evaluation. In *IEEE ICASSP'04*, Montreal, Canada, 2004.

[75] D. Moraru, S. Meignier, C. Fredouille, L. Besacier, and J.-F. Bonastre. The ELISA consortium approaches in broadcast news speaker segmentation during the NIST 2003 rich transcription evaluation. In *IEEE ICASSP'04*, Montreal, Canada, 2004.

[76] Nelson Morgan and al. Pushing the Envelope-Aside. *IEEE Signal Processing Magazine*, September 2005.

[77] M. Moya, M. Koch, and L. Hostetler. One-class classifier networks for targets recognition applications. In INNS, editor, *World Congress on Neural Networks*, pages 797–801, Portland, OR, USA, 1993.

[78] M. Nishida and T. Kawahara. Unsupervised speaker indexing using speaker model selection based on bayesian information criterion. In *IEEE ICASSP'03*, Hong Kong, 2003.

[79] NIST. http\unskip\penalty\@M://www.nist.gov/speech.

[80] NIST. http\unskip\penalty\@M://www.nist.gov/speech/tests/spk/index.html.

[81] NIST. NIST RT03S The rich transcription spring 2003 (RT-03S) evaluation plan http\unskip\penalty\@M://www.nist.gov/speech/tests/rt/rt2003/spring/docs/rt-03-spring-eva\%1-plan-v4.pdf. 2003.

[82] NIST. NIST RT04F The rich transcription spring 2004 (RT-04F) evaluation plan http\unskip\penalty\@M://www.nist.gov/speech/tests/rt/rt2004/fall/docs/rt04f-eval-plan-v1\%4.pdf. 2004.

[83] M. Pwint and F. Sattar. A segmentation method for noisy speech using genetic algorithm. In *IEEE ICASSP'05*, Philadelphia, USA, 2005.

[84] D. A. Reynolds. *A Gaussian Mixture Modelling Approach to text-Independent Speaker Identification*. PhD thesis, Gerogia Institute of Technology, 1992.

[85] D. A. Reynolds, E. Singer, B.A. Carlson, G.C. O'Leary, J. J. McLaughlin, and M.A. Zixxman. Blind clustering of speech utterances based on speaker and language characteristics. In *IEEE ICASSP'98*, 1998.

[86] G. Ritter and M. Gallegos. Outliers in statistical pattern recognition and an application to automatic chromosome classification. *Pattern Recongnition Letters*, 18 :525–539, 1997.

[87] J. Rougui and al. Fast incremental clustering of gaussian mixtures speaker models for scaling up retrieval in online broadcast. In *IEEE ICASSP'06*, Toulouse, France, 2006.

[88] B. Schölkopf and A. Smola. *Learning with Kernels*. MIT Press, Cambridge, USA, 2002.

[89] G. Schwartz. A sequential student test. 42 :1003–1009, 1971.

[90] G. Schwartz. Estimating the dimension of a model. 6 :461–464, 1978.

[91] B. Schölkopf. Statistical learning and kernel methods. Technical report, Microsoft Research, Microsoft Corporation, Redmond, WA, USA, February 2000.

[92] B. Schölkopf, A. Smola, R. Williamson, and P. Bartlett. New support vector algorithms. Technical report, GMD and Australian National University, GMD and Australian National University, 1998.

[93] M. Seck. *Détection de ruptures et suivi de classes de sons pour l'indexation sonore*. PhD thesis, Universite de Rennes 1, IRISA, Projet SIGMA2, 2001.

[94] M. Seck, I. Magrin-Chagnolleau, and F. Bimbot. Experiments on speech tracking in audio documents using Gaussian Mixture Modeling. In *IEEE International Conference on Audio, Speech and Signal Processing*, Salt Lake City, USA, 2001.

[95] M. A. Siegler., U. Jain, B. Raj, and R. M. Stern. Automatic segmentation, classification and clustering of broadcast news audio. In *DARPA Speech Recognition Workshop*, Chantilly, USA.

[96] R. Sinha, S. E. Tranter, J. J. F. Gales, and P.C. Woodland. The cambridge university march 2005 speaker diarization system. In *ICSLP 2005*, Lisbon, Portugal, 2005, 2005.

[97] A. Solomonoff, A. Mielke, M. Schmidt, and H. Gish. Clustering speakers by their voices. In *IEEE ICASSP'98*, 1998.

[98] F. K. Soong and A. E. Rosenberg. On the use of instantaneous and transitional spectral information in speaker recognition. *IEEE Transactions on Acoustics, Speech and Signal Procesing*, 36(6) :871–879, Juin 1988.

[99] ALSIG SPLAB. Algerian speech database. 2006.

[100] D. M. J. TAX. *One Class Classification :concept learning in the abscence of counter-examples*. PhD thesis, Technical University of Delft, June 2001.

[101] Transcriber. Transcriber logiciel de transcription audio http\unskip\penalty\ @M://www.etca.fr/CTA/gip/Projects/Transcriber. 2003.

[102] S. Tranter. Two-way cluster voting to improve speaker diarization performance. In *IEEE ICASSP'05*, Philadelphia, USA.

[103] S. Tranter and D. Reynolds. Speaker diarization for broadcast news. In *Toledo, Spain 2004*, 2004.

[104] S. E. Tranter and D. A. Reynolds. An overview of automatic speaker diarization systems. *IEEE Transactions on Audio, Speech and Language Processing*, 14(5) :1557–1565, September 2006.

[105] W. H. Tsai, S. S. Cheng, Y. H. Chao, and H. M. Wang. Clustering speech utterances by speaker using eignevoice-motivated vector space models. In *IEEE ICASSP'05*, Philadelphia, USA, 1998.

[106] W. H. Tsai and H. M. Wang. On maximizing the whithin-cluster homogeneity of speaker voice characteristics for speech utterance clustering. In *IEEE ICASSP'06*, Toulouse, France, 2006.

[107] F. Valente. *Variational Bayesian Methods for Audio Indexing*. PhD thesis, Université de Nice Sophia Antipolis, 2005.

[108] F. Valente. Infinite models for speaker clustering. In *IEEE ICASSP'06*, Toulouse, France, 2006.

[109] F. Valente and C. Wellekens. Variational bayesian adaptation for speaker clustering. In *IEEE ICASSP'05*, Philadelphia, USA.

[110] F. Valente and C. Wellekens. Variational bayesian speaker clustering. In *Toledo, Spain 2004*, 2004.

[111] V. Vapnik. *Statistical Learning Theory*. Wiley, New York, USA, 1998.

[112] P. Vincent. *Modèles à noyaux à structure locale*. PhD thesis, université de Montréal, Faculté des Arts et des Sciences, Octobre.

[113] P. Williams, S. Li, J. Feng, and Si Wu. A geometrical method to improve performance of the Support Vector Machines. *IEEE Transactions on Neural Networks*, 18(3) :912–947, May 2007.

[114] C. Wooters, J. Fung, B. Peskins, and X. Anguera. Towards robust speaker segmentation : The icsi-sri fall 2004 diarization system. In *Proc. Fall 2004 Rich Transcription Workshop (RT-04)*, November 2004.

[115] S. Young and all. *The HTK Book (for HTK Version 3.2.1)*.

[116] B. Zhou and J. H. Hansen. Unsupervised audio stream segmentation anc lustering via the bayesian infrmation criterion. In *ICSLP 2000*, volume 3, pages 714–717, Beijing, China, 2000.

[117] X. Zhu, C. Barras, S. Meignier, and J. L. Gauvain. Combining speaker identification and bic for speaker diarization. In *ICSLP 2005*, Lisbon, Portugal, 2005, 2005.

Annexe A

Calcul de la mesure de similarité SVM-1

Soit la figure suivante :

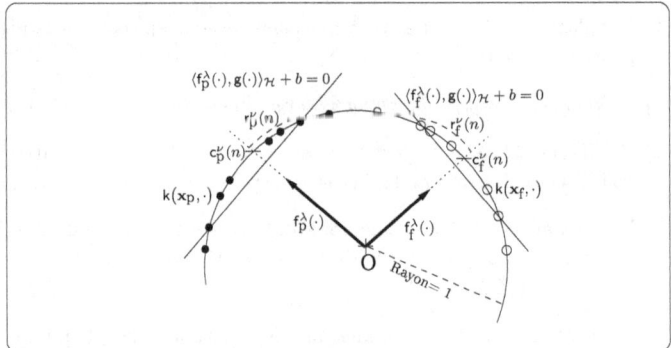

FIG. A.1 – La situation représentée ici correspond à une détection de ruptures, car les hyperplans représentés par $f_p^\lambda(\cdot)$ (correspondant à l'ensemble passé immédiat – cercles pleins) et $f_f^\lambda(\cdot)$ (correspondants à l'ensemble futur immédiat – cercles vides) sont distinctement séparés, et la distance $d\big(c_p^\nu(n), c_f^\nu(n)\big)$ est grande par rapport aux arcs $r_p^\nu(n)$ et $r_f^\nu(n)$.

Dans l'espace des caractéristiques H la distance $D^\nu(n)$ est définie par :

$$D^\nu(n) = \mathcal{D}(X_p(n), X_f(n)) = \frac{d\big(c_p^\nu(n), c_f^\nu(n)\big)}{r_p^\nu(n) + r_f^\nu(n)} \qquad (A.1)$$

Dans cet espace elle correspond à un rapport d'une distance inter-régions par rapport à une distance intra-région. Le numérateur représente la distance de l'arc $\left(c_p^\nu(n)\, c_f^\nu(n)\right)$ sur l'hypersphère de rayon unité. Au dénominateur les distances des arcs $\left(r_p^\nu(n)\right)$ et $\left(r_f^\nu(n)\right)$ représentent la distribution "géométrique" des données dans l'espace augmenté $\mathcal{H}$. Plus les données sont "dispersés" plus ces valeurs sont importantes. C'est pourquoi, il importe de normaliser la distance inter-région $\left(c_p^\nu(n)\, c_f^\nu(n)\right)$ par la distance intrarégions $\left(r_p^\nu(n)\right) + \left(r_f^\nu(n)\right)$

Dans $\mathcal{H}$, la distance de l'arc $\left(c_p^\nu(n)\, c_f^\nu(n)\right) =$ distance angulaire $\widehat{c_p^\nu(n)\,Oc_f^\nu}(n)$. Etant donné que les vecteurs sont de norme unitaire (Noyau RBF), il vient :

$$\left(c_p^\nu(n)\, c_f^\nu(n)\right) = \arccos\left(\frac{\langle f_p^\lambda(\cdot), f_f^\lambda(\cdot)\rangle_\mathcal{H}}{\|f_p^\lambda(\cdot)\|_\mathcal{H}.\|f_f^\lambda(\cdot)\|_\mathcal{H}}\right) \tag{A.2}$$

Or $f^\lambda(\mathbf{x}) = \sum_{i=1}^m \alpha_i k(\mathbf{x}, \mathbf{x}_i)$, il vient alors immédiatement :

$$\left(c_p^\nu(n)\, c_f^\nu(n)\right) = \arccos\left(\frac{\langle f_p^\lambda(\cdot), f_f^\lambda(\cdot)\rangle_\mathcal{H}}{\|f_p^\lambda(\cdot)\|_\mathcal{H}.\|f_f^\lambda(\cdot)\|_\mathcal{H}}\right) = \arccos\left(\frac{\boldsymbol{\alpha}_{n,p}^\mathsf{T}\mathbf{K}_{n,pf}\boldsymbol{\alpha}_{n,f}}{\sqrt{\boldsymbol{\alpha}_{n,p}^\mathsf{T}\mathbf{K}_{n,pp}\boldsymbol{\alpha}_{n,p}}\sqrt{\boldsymbol{\alpha}_{n,f}^\mathsf{T}\mathbf{K}_{n,ff}\boldsymbol{\alpha}_{n,f}}}\right)$$

$$r_p^\nu(n) = \arccos\left(\frac{b_{n,p}}{\sqrt{\boldsymbol{\alpha}_{n,p}^\mathsf{T}\mathbf{K}_{n,pp}\boldsymbol{\alpha}_{n,p}}}\right) \tag{A.3}$$

$$r_f^\nu(n) = \arccos\left(\frac{b_{n,f}}{\sqrt{\boldsymbol{\alpha}_{n,f}^\mathsf{T}\mathbf{K}_{n,ff}\boldsymbol{\alpha}_{n,f}}}\right)$$

d'où l'expreion finale :

$$D^\nu(n) = \mathcal{D}(X_p(n), X_f(n)) = \frac{\arccos\left(\frac{\boldsymbol{\alpha}_{n,p}^\mathsf{T}\mathbf{K}_{n,pf}\boldsymbol{\alpha}_{n,f}}{\sqrt{\boldsymbol{\alpha}_{n,p}^\mathsf{T}\mathbf{K}_{n,pp}\boldsymbol{\alpha}_{n,p}}\sqrt{\boldsymbol{\alpha}_{n,f}^\mathsf{T}\mathbf{K}_{n,ff}\boldsymbol{\alpha}_{n,f}}}\right)}{\arccos\left(\frac{b_{n,p}}{\sqrt{\boldsymbol{\alpha}_{n,p}^\mathsf{T}\mathbf{K}_{n,pp}\boldsymbol{\alpha}_{n,p}}}\right) + \arccos\left(\frac{b_{n,f}}{\sqrt{\boldsymbol{\alpha}_{n,f}^\mathsf{T}\mathbf{K}_{n,ff}\boldsymbol{\alpha}_{n,f}}}\right)} \tag{A.4}$$

Annexe B

Le Lagrangien

B.1 Historiquement

La théorie développée en 1797 par Lagrange [?]trouve son origine dans les problèmes de mécanique, généralisant ainsi le théorème de Fermat concernant la minimisation (ou maximisation) de fonctions convexes.

B.2 Les problèmes d'optimisation sous contrainte : Un exemple pédagogique

Soit le problème suivant : Trouver w un paramètre scalaire, étant donné x un scalaire fixé, qui permet de :

$$\text{Minimiser } \frac{1}{2}w^2 \quad \text{sachant que } wx - 1 \geqslant 0 \tag{B.1}$$

Afin de construire une fonction objective tenant compte de la contrainte, Monsieur Lagrange introduit une méthode qui consiste à transformer ce problème d'optimisation sous contraintes, en un problème equivalent, telle que la fonction objective devient :

$$J(w; \alpha) = \frac{1}{2}w^2 - \alpha(wx - 1) \tag{B.2}$$

Le paramètre α appelé multiplicateur de Lagrange permet de coder l'information portée par la contrainte, en convenant par exemple que $(wx - 1) \geqslant 0 \Rightarrow \alpha \geqslant 0$. Il s'agit alors de minimiser $J(w, \alpha)$ par rapport à w. Posons par exemple $x = 1$, $J(w; \alpha)$ devient alors :

$$J(w; \alpha) = \frac{1}{2}w^2 - \alpha(w - 1) \tag{B.3}$$

Minimiser $J(w; \alpha)$ c'est minimiser $\frac{w^2}{2}$ et $-\alpha(w - 1)$. Le tracé de $J(w; \alpha)$ en fonction de w pour différentes valeurs de $\alpha \geqslant 0$ montre que toutes les valeurs de $\alpha \geqslant 0$ assurent $J(w; \alpha)$minimale cependant plus α est grande meilleure est la satisfaction de la contrainte $(wx - 1) \geqslant 0$.

Il existe cependant une valeur optimale de w qui assure $J(w; \alpha)$ minimale et $(w-1) \geqslant 0$. Pour la valeur de x fixée a 1. c'est $w_* = 1$- voir graphe.

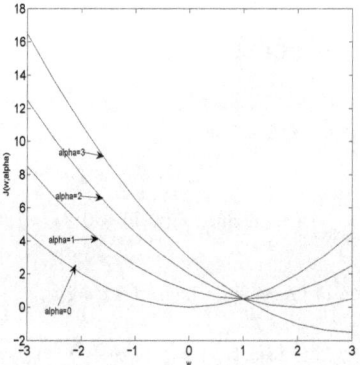

Plus générallement, il s'agit de minimiser la fonction objective paramétrée par α par rapport à w, une condition nécessaire (Théorème de Fermat) est d'annuler sa dérivée :

$$\frac{\partial}{\partial w} J(w; \alpha) = w - \alpha x = 0 \Rightarrow w_\alpha^* = \alpha x \tag{B.4}$$

Quelle est alors la valeur de $\alpha \geqslant 0$ assurant certes toutes la solution w_α^*, mais satisfaisant aussi la contrainte $(w_\alpha^* x - 1 \geqslant 0)$. Des valeurs de α loins de l'origine assurent certainement la contrainte. Seulement, il s'agit d'optimiser, c'est à dire trouver la plus petite valeur de $\alpha \geqslant 0$ qui assure la contrainte. Ce qui produira certainement la veleur de la solution optimale, soit $J(w; \alpha)$ minimale et par conséquent résoudre le problème initial.

En insérant la solution w_α^* dans l'équation $B.2$, il vient :

$$J(w; \alpha) = \frac{1}{2}(w_\alpha^*)^2 - \alpha(w_\alpha^* x - 1) = \frac{1}{2}(\alpha x^2) - \alpha(\alpha x^2 - 1) = \alpha - \frac{1}{2}(\alpha x)^2 \tag{B.5}$$

On obtient ainsi, une fonction de Lagrange $J(\alpha)$ fonction uniquement de α. Trouver son maximum c'est trouver la valeur de $\alpha \geqslant 0$ assurant la solution optimale w_α^*. D'où :

$$J(\alpha) = \alpha - \tfrac{1}{2}(\alpha x)^2$$

$$\frac{\partial}{\partial \alpha} J(\alpha) = 1 - \alpha x^2 = 1 - w_\alpha^* x = 0 \qquad (B.6)$$

Ainsi le prolème initial est transformé en son dual en utilisant le facteur de lagrange α qui reste certe un probleme doptimisation sous contrainte, seulement la contrainte est plus simple à résoudre. Trouver les facteurs de lagrange assure l'optimalité de la solution par rapport à la variable primaire w.

B.3   Le cas général

Trouver $(w, b) \in \mathcal{R}^n \times \mathcal{R}$ tel que :

$$\min_{w,b}(f(w, b))$$
$$\text{sachant que : } g_i(w, b) \leqslant 0 \quad i = 1, ..., l \qquad (B.7)$$

Le lagrangien ou la fonction de Lagrange s'écrit :

$$L(w, b, \alpha) = f(w, b) + \sum_{i=1}^{l} \alpha_i g_i(w, b) \qquad (B.8)$$

$\alpha_i$sont les multiplicateurs de lagrange.

Soit alors la fonction

$$\Psi(\alpha) = \min_{w,b} L(w, b, \alpha) \qquad (B.9)$$

. On se ramène ainsi à un problème d'optimisation de fonctions, sans contraintes (apparente !), pour lequel il s'agit de trouver des points stationnaires, soit :

$$\frac{\partial L}{\partial w} = 0$$
$$\frac{\partial L}{\partial b} = 0 \qquad (B.10)$$

Pour poursuivre des calculs plus loin, prenons un exemple issu de la classification SVM : Soit :

$$f(w, b) = \frac{1}{2} \langle w, w \rangle$$
$$g_i(w, b) = 1 - y_i(\langle w, x_i \rangle + b) \quad i = 1, ..., l \qquad (B.11)$$

L'équation $B.9$ s'écrit alors :

$$\psi(\alpha) = \min_{w,b} \left(\frac{1}{2} \langle w, w \rangle + \sum_{i=1}^{l} \alpha_i \left(1 - y_i \left(\langle w, x_i \rangle + b \right) \right) \right) \qquad (B.12)$$

En remplçant les équations $B.11$ dans $B.8$ et en calculant les dérivées partielles $B.10$, il vient :

$$\frac{\partial L}{\partial w} = 0 = w + \sum_{i=1}^{l} -y_i \alpha_i x_i$$

$$\frac{\partial L}{\partial b} = 0 = \sum_{i=1}^{l} \alpha_i y_i \qquad (B.13)$$

d'où les solutions :

$$w = \sum_{i=1}^{l} \alpha_i y_i x_i$$

$$\sum_{i=1}^{l} \alpha_i y_i = 0 \qquad (B.14)$$

d'où la fonction :

$$\psi(\alpha) = \frac{1}{2} \sum_i \sum_j \alpha_i y_i \alpha_j y_j \langle x_i, x_j \rangle + \sum \alpha_i - \sum_i \sum_j \alpha_i y_i \alpha_j y_j \langle x_i, x_j \rangle - b \sum_i \alpha_i y_i$$

$$\psi(\alpha) = \sum_i \alpha_i - \frac{1}{2} \sum_i \sum_j \alpha_i y_i \alpha_j y_j K(x_i, x_j) \qquad (B.15)$$

Ainsi, il s'agit de maximiser :

$$\max_{\alpha} \psi(\alpha)$$
$$\text{sachant :} \alpha_i \geqslant 0 \text{ et } \sum_i y_i \alpha_i = 0. \qquad (B.16)$$

Par conséquent, Trouver la solution au problème primaire $B.7$ c'est trouver α^* qui maximise $\psi(\alpha), \alpha \in \mathcal{R}^l$. Dans le cas de fonctions $f(w, b)$ convexes, et des contraintes $g_i(w, b)$ affines, on assure que la solution optimale du problème dual $B.16$ est celle qui corresponde à son équivalent du problème primaire $B.7$, soit $\psi(\alpha^*) = f(w^*, b^*)$. Dans le cas de certaines conditions, dites de Karush Kuhn Tucker, il existe une relation entre $\alpha^*, w^* et b^*$, ces conditions conduisent à ce que la plupart des coefficients α_i soient nuls sauf pour certains vecteurs x_i appelés vecteurs de support.

La théorie de Lagrange permet ainsi de ramener le problème primaire, d'optimisation sous contraintes, à un problème dual, qui est un problème d'optimisation quadratique, simple à résoudre par les routines informatiques disponibles sous Matlab.

Annexe C

Un environnement logiciel pour l'indexation en Locuteurs : *IndexLoc*

IndexLoc^{TM} est une première version (version α) d'un environnement logiciel regroupant toutes les routines informatiques développées au cours de cette thèse. Son objectif est de servir de plate-forme de développement pédagogique pour nos travaux futurs dans le cadre d'un projet de recherche soutenu dans le laboratoire LCPTS (équipe Traitement du Signal).

Son architecture s'articule autour de deux modules principaux modules (Paramétrisation et Clasification) et regroupe les méthodes suivantes :

- Lecture de bases de signaux sonores
- Méthodes de paramétrisations acoustiques de signaux,
- Méthodes de combinaisons de descripteurs acoustiques,
- Méthodes de détection de ruptures (RVGBIC, DISTBIC,SVM)
- Méthodes de regroupement hiérarchique (mesures RVGBIC,SVM, KullbackLeibler)
- Routines d'affichage des résultats

Dans un environnement dont l'ambition est d'être ergonomique et pédagogique, l'utilisateur est convié à choisir les paramètres des méthodes de paramétrisation $C.1$ ou de classification $C.2$. Le passage de paramètres entre les divers modules est entièrement automatique afin de limiter l'intervention de l'utilisateur au seul choix des paamètres d'initialisation.

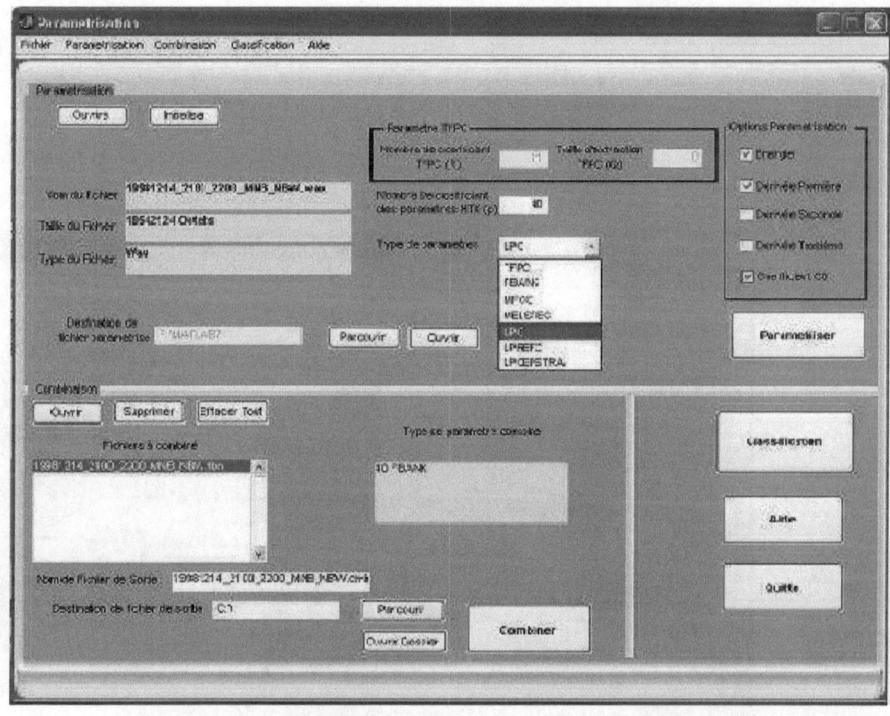

FIG. C.1 – Fenêtre du Module de Paramétrisation

Le rendu des résultats est un fichier textuel, qui résume les informations concernant la méthode de paramétrisation et de classification et l'erreur de classification-voir figure C.4.

Le résultat d'une expérience de segmentation en locuteur est aussi un fichier texte contenant les champs suivants-voir figure C.3 :

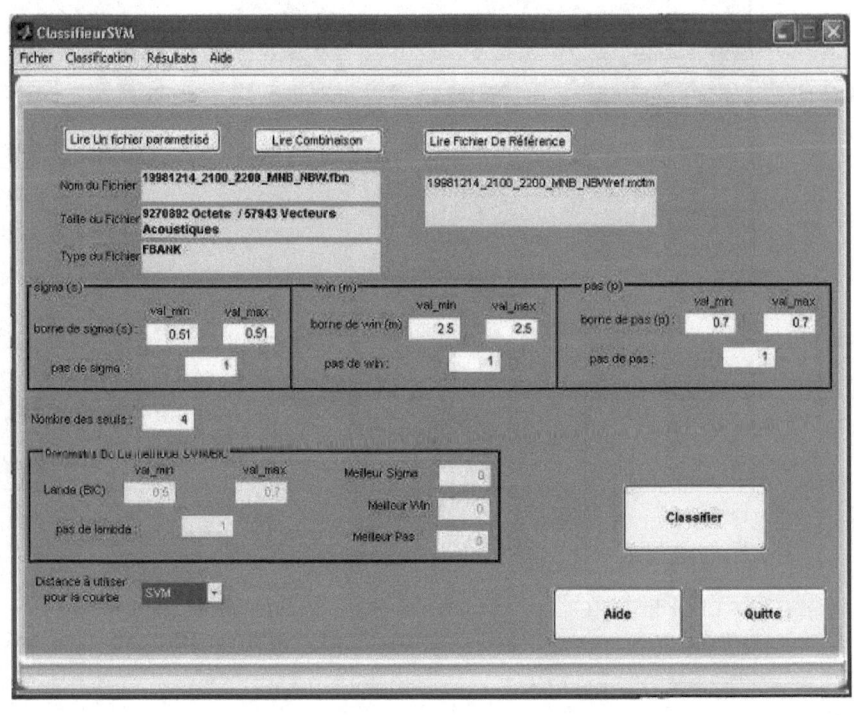

FIG. C.2 – Fenêtre du Module de Classification

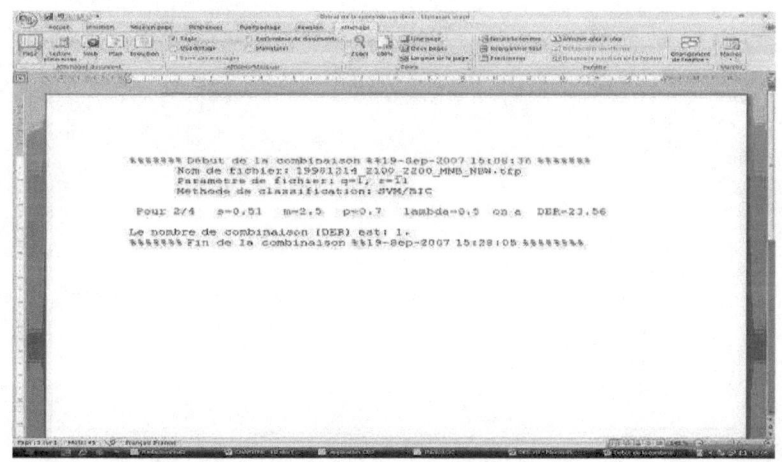

FIG. C.3 – Fenêtre du Module Affichage des résultats

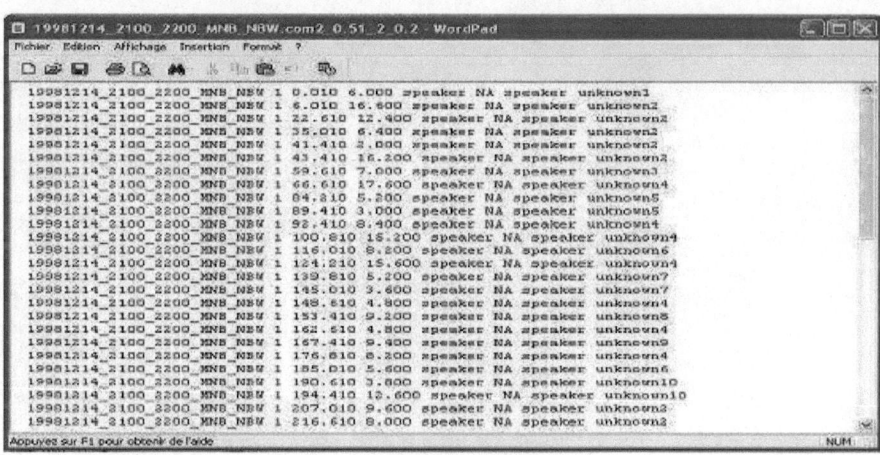

FIG. C.4 – Résultat d'une expérience d'indexation en locuteur : le fichier index

Zeitfracht Medien GmbH
Ferdinand-Jühlke-Straße 7
99095 Erfurt, Deutschland
produktsicherheit@kolibri360.de

Druck:
CPI Druckdienstleistungen GmbH
im Auftrag der
Zeitfracht Medien GmbH
Ein Unternehmen der Zeitfracht - Gruppe
Ferdinand-Jühlke-Str. 7
99095 Erfurt